U0183700

华中科技大学"青春力行"系列丛书
HUST Youth Power Social Practice Series

编委会

· · · · · · · · · ·

设计下乡·青春力行

华中科技大学建筑与城市规划学院
党员先锋服务队十五年

主编　何立群　杨柳　赵爽

华中科技大学出版社
http://press.hust.edu.cn
中国·武汉

图书在版编目（CIP）数据

设计下乡　青春力行：华中科技大学建筑与城市规划学院党员先锋服务队十五年／
何立群，杨柳，赵爽主编. —武汉：华中科技大学出版社，2023.6
　　ISBN 978-7-5680-9612-6

　　Ⅰ.① 设…　Ⅱ.① 何…　② 杨…　③ 赵…　Ⅲ.① 华中科技大学建筑与城市规划学院-
城乡规划-工作概况　Ⅳ.① TU982.29

中国国家版本馆 CIP 数据核字（2023）第 108589 号

设计下乡　青春力行：华中科技大学建筑与　　　　　　　　　　何立群　杨柳　赵爽　主编
城市规划学院党员先锋服务队十五年
Sheji Xiaxiang　Qingchun Lixing：Huazhong Keji Daxue Jianzhu yu
Chengshi Guihua Xueyuan Dangyuan Xianfeng Fuwudui Shiwu Nian

策划编辑：周清涛　庹北麟
责任编辑：林珍珍
封面设计：王　玥　徐　聪
责任校对：张汇娟
版式设计：赵慧萍
责任监印：周治超
出版发行：华中科技大学出版社（中国·武汉）　　　　电话：（027）81321913
　　　　　武汉市东湖新技术开发区华工科技园　　　　邮编：430223
录　　排：华中科技大学出版社美编室
印　　刷：湖北恒泰印务有限公司
开　　本：710mm×1000mm　1/16
印　　张：18.5　插页：2
字　　数：293 千字
版　　次：2023 年 6 月第 1 版第 1 次印刷
定　　价：98.00 元

华中出版

知者行之始，行者知之成。实践育人作为落实立德树人根本任务的关键环节，是高校思想政治工作体系的有机组成，是培养担当民族复兴大任时代新人的有效途径。华中科技大学历来重视实践育人工作，把教育引导青年学生积极投身社会实践作为学校"党旗领航工程"的重要环节，遵循"顶天立地、追求卓越"的理念，聚力打造"行走的大思政课"实践育人品牌，引领青年上好"行走的思政课、行走的专业课、行走的人生课"，在实践中培养青年的知、情、意、行，厚植家国情怀，强化责任担当，汲取奋进力量。多年来，建筑与城市规划学院坚守育人初心，结合专业特色，不断探索形式多样、协同联动的实践育人模式，持续扩大实践活动的参与面、覆盖面、受众面，不断提升青年在实践中长知识、增才干、做贡献的获得感，形成了以建筑与城市规划学院党员先锋服务队为代表的一系列品牌实践活动。

2010 年，时任中共中央政治局常委、中央书记处书记、国家副主席习近平来到华中科技大学视察，在建筑与城市规划学院参加了同学们正在举行的主题党日活动，当听到党员先锋服务队 2008 年第一时间奔赴汶川参与灾后重建的事迹时，盛赞当代大学生是"大有希望的一代"，并寄语同学们："到党、祖国和人民最需要的地方去，要从小事做起，最后做成大事。"

殷殷嘱托在心间。15 年来，党员先锋服务队一届届传承接力，累计派出了 23 支队伍、300 余名师生党员，只为做好一件事——为国家需要的地方特别是偏远村镇送去规划设计服务。走边寨田垄、越新疆沙丘，攀武陵高山、跨澜沧激流，从"脱贫攻坚"到"乡村振兴"，队员们遵循乡村发展规律，合理配置要素，充分利用资源，优化用地布局，助力乡村的可持续发展，用专业所学服务地方所需，把小事办成实事，和基层干部、乡民一起在绿水青山中发掘金山银山，为乡村贡献"华中大建规方案"。

躬耕不辍育新人。15年来，建筑与城市规划学院立足思政教育与专业教育，通过提升引领力、增长专业力、加强示范力、培育奋斗力、活化品牌力，建构了"贯穿式、融合式、浸润式"的"五力提升"实践模式。专业教师和辅导员在田间地头与队员们同吃、同住、同学习、同劳动，把专业课堂搬到了乡野一线，把思政课堂搬到了村民家院坝，把理想信念根植入青春梦想，把实践足迹镌刻在祖国大地上，在知行合一的实践中强化党员意识，了解社情民情，增长知识才干，担当青春使命。多年来，党员先锋服务队培养了一批批扎根基层、服务地方、设计为民的专业人才。

恰逢建筑与城市规划学院党员先锋服务队成立15周年，学院回访了23支队伍的带队老师和学生队员，回顾了23支队伍的实践历程，记录下这些生动的实践育人故事，收录在《设计下乡　青春力行》中。这其中有连夜集结、奔赴灾区的一刻也不能耽搁，也有在海拔5100米帕米尔高原上的热泪盈眶；有和当地村支书一起干事创业的激情与梦想，也有和导师一道破解发展难题的匠心与成长；有让文化遗产焕发新生的执着与坚守，也有纾解基层治理之困、共同缔造幸福家园的责任与担当。本书编写者通过访谈当事人、查阅实践档案，如实记录下实践中鲜活的人物、温暖的对话、闪光的瞬间、动人的场景。23支队伍、23个故事，是15年实践历程的纪念，是 15 年实践成果的展现，是 15 年育人之道的缩影。《设计下乡 青春力行》的出版意义重大，是学院实践育人成果的推广，也是在新时代探索实践育人新模式的坚实基础。

当代中国青年生逢其时，乡村的广阔天地必将成为越来越多青年人实现梦想的大舞台。华中大青年在实践中用脚步丈量祖国大地，用眼睛发现中国精神，用耳朵倾听人民心声，用内心感应时代脉搏，饱含深切的家国情怀，敢担大任、勇攀高峰，在奔涌激荡的时代浪潮中磨砺青春底色。华中大将持续深化"新时代党旗领航工程"，持续擦亮"党员先锋服务队"实践品牌，教育引导青年学子心怀"国之大者"、投身强国建设，在中国特色社会主义新征程上奋力奔跑，继续书写无愧于时代的青春华章！

2023.6

华中科技大学建筑与城市规划学院党员先锋服务队成立 15 周年了。从 2008 年 5 月汶川大地震首次派出，到 2010 年 1 月时任国家副主席习近平同志参加学校"党旗领航工程"主题党日活动，对党员先锋服务队给予肯定，又走过了 13 年历程。其间，我们的国家发生了巨大变化，中国特色社会主义进入新时代。在高等教育领域，先后召开全国高校思想政治工作会议、全国教育大会，思想政治教育成为高校"双一流"建设成效的重要指标。"培养什么人、怎样培养人、为谁培养人"作为教育的根本问题，引起教育者的再思考。建筑与城市规划学院党委作为华中科技大学基层党组织，办学中坚持党的领导，坚持马克思主义指导地位，坚持为党和人民事业服务，落实立德树人根本任务，传承红色基因，扎根中国大地办大学，努力打造中国特色、世界知名、全国一流的人居空间创新研究及人才培养示范基地。学院积极发挥学科特长，服务国家脱贫攻坚、乡村振兴、美丽中国、生态中国建设等重大战略需求，获得良好的社会声誉和广泛影响。党员先锋服务队作为实践育人的重要载体，成为"行走的课堂"，厚植学生家国情怀，源源不断地为人才培养注入活力，使学生得到生动、全面、触动心灵的国情社情教育，也把专业知识送到城乡基层，为国家发展做出力所能及的贡献。

"到党、祖国和人民最需要的地方去，要从小事做起，最后做成大事。"总书记的嘱托，一直响在我们耳边。15 年来，华中科技大学建筑与城市规划学院党员先锋服务队每年出发（2020 年受疫情影响停 1 年），累计 23 支队伍、300 余名师生党员、200 多个日日夜夜、78 个村庄、42 万米路途，坚持为老、少、边、穷地区送规划、送设计，为脱贫攻坚、乡村振兴贡献"华中科技大学建规方案"。队伍每年都荣获"湖北省暑期'三下乡'社会实践优秀团队"称号，2022 年被评为全国暑期社会实践优秀团队，"设计下乡助力乡村振兴"志愿服务项目获第六届中国青年志愿服务项目大赛银奖。一批批队员已经成长为国家城乡建设的骨干人才。

回顾 15 年的历程，可以看出华中科技大学建筑与城市规划学院党员先锋服务队具有如下特点。

1. 紧密围绕党和国家的重大需求，服务国家和人民

无论是急汶川地震灾区人民之所急，还是响应中国科学技术协会号召赴山西岚县以文化遗产为抓手进行规划扶贫，抑或是深入湖北省恩施土家族苗族自治州巴东县为乡村小学设计"会飞的盒子"，国家和人民的需要就是党员先锋服务队的工作使命与任务。

2. 精心组织，充分发挥教师主导作用与学生主体作用

学院党委每年甄选工作任务，精心组织队伍，充分发挥教师的主导作用与学生的主体作用。教师牢记立德树人根本任务，传授专业技能，组织设计活动，身先士卒，引导学生通过实践感受自身价值，提升专业成就感与荣誉感。学生党员珍惜难得的实践机会，工作积极主动，在实践中茁壮成长。

3. 致力打造"行走的课堂"，实践育人成为特色

建筑与城市规划行业要求知行合一，设计理念要落实到设计方案上，设计方案要能够落地实施。在每年的党员先锋队实践中，同学们面对的都

是真实的调研课题和设计任务，要在很短的时间内对当地的人口、用地、房屋、产业、交通、给排水等各方面情况进行准确了解，并在客观数据基础上给出规划建议，汇报给当地领导，并反复听取意见。调研结束，有的实践队要出几十张图纸、数万字的调查报告。正是在这样的打磨中，同学们的专业能力获得大幅度提升。他们参与的山西岚县规划项目获中国科学技术协会定点扶贫2019年度唯一优秀项目，2021年度获全国优秀城市规划设计一等奖。

更让人感到鼓舞的是同学们思想的进步与成熟。在实践中，同学们真切体会到为人民服务的幸福，理解到把自己的职业选择与党和人民的需要结合起来的快乐，感受到深入一线、扎根基层、脚踏实地带来的充实感，也深刻明白了中国共产党为什么能、中国特色社会主义为什么好、马克思主义为什么行。

党员先锋服务队的实践，还让同学们对自己的职业和人生选择进行了深入思考。

参加2009年赴新疆建设兵团实践的湖北籍学生董玮玮毕业时选择了到新疆工作。社会实践的特殊经历为她的研究生生涯添上了浓墨重彩的一笔，更在她心里种下了扎根西部、建设西部的种子。

2015届本科毕业生黄彬凌在校期间两次参加党员先锋服务队活动，2018年从北京大学硕士毕业后一头扎入深圳的基层社区，带领20多个年轻人完成了100多处城市微空间营造、共建花园。他的事迹被中央电视台评为"成功的社会治理案例"，黄彬凌也入选福布斯2020年中国30岁以下精英榜。

由此可见，党员先锋服务队是育人的平台。

2010 年，习主席在听取党员先锋服务队队员汇报后表示从中看到了年轻一代的精神风貌，也看到了华中科技大学抓素质教育所取得的成绩，看到了学校党建工作的成果。他提出，让学生到基层和人民中去建功立业，让青春之花绽放在祖国最需要的地方。这本《设计下乡 青春力行》正是这 15 年的总结，其中的每一篇故事都让人感动。华中科技大学建筑与城市规划学院的学生党员，与祖国同行、为人民奉献，把论文写在大地上，把设计铺在城乡间，以 15 年的坚守，书写了青春最美的篇章！

　　欣然为序。

李小红

2023. 5

目 录
Contents

生死时速，决战 96 小时

| | | | | | | | | | | | | |

　　"2008 年之后，因为工作关系，我也去过成都几次，那年我们在汶川工作的情景历历在目。每次想到四川，遇到四川的朋友，我脑海中总会浮现废墟中残破的书本、没有倒塌的黑板、帐篷中老奶奶端起的饭碗和老百姓发自肺腑的感谢。每每有人提到汶川地震，我内心也会有一个铿锵的声音：'很自豪，当时我们在那儿；很自豪，我们为国家做出了自己的贡献，在人民最需要的时候，我们未曾缺席！'"这是 2008 年党员先锋服务队（以下简称服务队）队长倪敏东日记中的文字。十几年过去了，如今的他为宁波市规划设计研究院空间资源研究所所长，继续保持着当年的初心。

　　2008 年 5 月 12 日 14 时 28 分，四川省阿坝藏族羌族自治州汶川县发生 8.0 级大地震。地震带走了数以万计同胞的生命，也将灾区人民的家园变成了废墟。这场灾难牵动着所有中国人的心。

　　猝不及防的灾难摧毁了家园，但没有摧毁中国人的精神。

　　在奔赴灾区救援的团队中，有这样一支由 1 名教师、6 名研究生组成的特殊队伍。这支队伍白天深入灾区调研勘测，夜晚挑灯绘制规划图纸，连续奋战 4 个昼夜，在争分夺秒中完成了 26 个临时安置点的选址和规划工作，为 2 万多名受灾群众提供了临时住处。他们把自己的专业知识运用到为灾区人民服务中。这支队伍就是来自华中科技大学建筑与城市规划学院（以下简称华中大建规学院）的服务队。

　　家国天下事，青年肩上责。服务队在汶川救灾的消息传回华中科技大学，全校都沸腾了，师生纷纷为地震灾区捐款捐物，掀起了支援灾区的热潮。残破的废墟上，绽放一朵朵青春之花。自此，武汉与汶川，从相隔千里到密不可分。

『连夜集结，奔赴灾区——全国最早抵达的高校支援团队』

2008 年突如其来的大地震，将川西的许多美丽家园变成了荒芜废墟。成片的房屋倒塌，道路桥梁和水电基础设施被毁，数以万计的受灾群众无家可归。灾情牵动着全国人民的心，灾区人民的困难成为四面八方的救援令。但是，由于山崩地陷，大多数救灾通道被阻断，救援物资在路边堆成了山。

救灾、安置、灾后重建，不仅是地方政府面对满目疮痍的头等大事，也成为全国规划学界、业界特别关注和踊跃行动的大事。

为支援抗震救灾工作，华中大建规学院的热心教师迅速与中华人民共和国住房和城乡建设部城乡规划司积极沟通，经统一组织协调，获得了学校学院党委大力支持与鼓励，服务队成立了！通过志愿者报名和学院审核，第一支服务队由规划专业教师耿虹教授亲自带队，倪敏东、祝文明、赵颖、张波、罗毅、陈涛 6 名研究生为首发队员，奔赴灾区，驰援一线（见图 1）。

● 图 1 2008 年奔赴汶川的服务队行前合影

（第一排从左到右：耿虹、朱川平、罗毅、詹健；

第二排从左到右：陈涛、倪敏东、祝文明、赵颖、张波）

回忆起当时的情景，时任华中大建规学院党总支书记朱川平老师感慨万千："当时学校党委书记朱玉泉听到我们的请示后，立即表示大力支持，我们成为第一批赴汶川重建的高校，很自豪，但我更多的是担心大家的安危。在复杂的心绪中，我办了出征仪式为大家送行，数天后，看着大家都毫发无伤地回来了，我心里的一块大石头才算落地！"

5 月 21 日——出征

5 月 21 日下午 5 时 31 分，在耿虹老师的带领下，服务队登上了飞往成都的飞机，代表华中科技大学前往地震灾区参与由住房和城乡建设部领导的灾后过渡安置规划工作。飞机上的乘客有的来自武汉疾病预防控制中心，有的来自泉州市的相关卫生部门，还有很多独行的志愿者，所有人都有一个共同的目的——奔赴四川，为抗震救灾工作贡献力量。

此时此刻，没有什么比汶川的灾情更牵动人心。

晚上 8 时 10 分，飞机降落在成都双流机场。走出机场，迎面是巨大的横幅："四川人民感谢你们！"情真意切的话语触动着每个人的心弦，四川人民在艰苦抗灾救灾的同时，还怀着感恩的心。

晚上 9 时 30 分，服务队马不停蹄地赶到成都市规划管理局参加救灾工作会议。在成都市规划管理局二楼会议室，灾后重建过渡安置规划指挥部已经成立，大家开始部署明天的工作（见图 2）。

一方有难，八方支援。小小的会议室聚集了来自全国各地的规划同仁，包括成都市规划管理

● 图 2　灾后重建过渡安置规划工作会议现场

局的相关领导、上海同济城市规划设计研究院、广州城市规划勘测设计研究院和中国建筑设计研究院的专家组成员以及成都市规划设计研究院的部分工作人员等。大家以四川省城乡规划设计研究院的办公场所为大本营，紧锣密鼓地启动了救灾支援工作。

会议对未来几天的救援工作进行了具体部署，华中大建规学院服务队的任务是在一周时间内，做好都江堰市与彭州市所有受灾群众的过渡安置规划工作。

由于各个镇的受灾情况均不相同，需安置的受灾群众数量也有很大出入，因此服务队必须到各个镇实地调查过渡安置点的位置与规模。服务队分成两个小组，分别负责以通济镇为代表的 7 个乡镇的安置规划任务。

都江堰市和彭州市受灾严重程度均由北向南递减。彭州市的敖平、葛仙山、红岩、军乐（军乐镇于 2019 年撤销）4 个乡镇位于彭州市中部，地震灾害造成的损失稍微小些。以敖平镇为例，全镇有 5 人遇难，107 人受伤，受损房屋近万套。而都江堰市的受灾情况较为严重，许多镇 80% 以上的房屋倒塌，并且有 2 个镇由于交通中断完全无法进入（见图 3 和图 4）。

● 图 3　没有安置点，受灾群众们没有水没有电

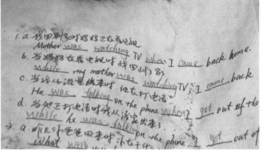

● 图 4　孩子们以前做的卷子，躺在废墟中

数以万计的受灾群众无家可归，做好安置规划成为迫在眉睫的任务，每个志愿者都深深地感受到了肩上担负的责任。为了制订更加完善的计划，他们每天工作到深夜。

『时间就是生命，一刻也不能耽搁了』

面对随时可能发生的余震，时间就是生命，安置规划刻不容缓。

5 月 22 日——踏勘调研

早上 8 时，服务队到成都市规划管理局集合，进行最后的协调工作。这次踏勘调研的主要任务是确定受灾各镇需要政府临时安置的受灾群众户数，然后选定安置受灾群众的合理地段（见图 5）。

● 图 5　受灾群众安置点门口，政府给群众安排的临时避难设施

按照计划，下午 3 时所有的安置点位置与规模必须汇总上报主管部门。截至当天，已有相当数量的集成安置房运抵成都。大部分安置点要于 5 月 26 日开建，但是在哪里安置，怎样安置？服务队仅有 4 天的时间进行勘探和绘图设计，规划任务十分紧迫！

在当地群众的带领下，服务队于上午 9 时到达都江堰市。市区沿路有很多建筑已经垮塌，还有不少房屋出现裂缝、倾斜等。街道上有很多救灾部队驻扎，也有很多来自全国各地的抗震救灾工作者，他们都在紧张地开展救灾工作。

都江堰市区已经大致恢复了正常的秩序，我们没有看到任何慌乱的情况。很多市民在帐篷边吃饭、休息。在一个帐篷旁边的小茶几上面，我们看到了一束精心摆放的栀子花，它静静绽放着，彰显着人们大灾之后重建生活的乐观态度，让人联想到许三多的名言"不抛弃，不放弃"。

没有在市区做过多停留，服务队马不停蹄地赶到都江堰市的大观镇（已于 2019 年撤销）进行调查。镇区的受灾情况比市区要严重得多，大观镇 90% 的房屋完全倒塌，大部分居民无家可归。

山区情况更为恶劣，地震引发了山体滑坡，著名的旅游景点——青城山景区满目疮痍，大量房屋破损，有的墙体出现裂缝，有的屋顶开裂，严重的甚至出现整体倒塌。看到这些景象，队员们的心情格外沉重，也真切感受到了当地受灾群众对于过渡安置的急切需求。

令人感动的是，灾区的人们并没有因为灾难而垂头丧气，而是迅速投入灾后的恢复生产和自救。当时震后救援工作已经基本完成，人们有的在忙着收拾打扫破损的房屋，有的在搭建临时安置板房。

临近中午，服务队队员跟当地乡亲一起吃饭后，简单聊了聊，主要了解他们近期生活存在的困难，以及安置板房的建设进度等（见图 6）。考虑到乡亲的情绪，队员们没有过多询问他们亲人的情况，看着他们脸上悲痛和难过的表情，队员们只能多加安抚，鼓励他们重拾生活的信心。

队长倪敏东回忆道："最让我印象深刻的是，当我得到允许进入他们帐篷时，老奶奶端出两碗食物，右手是一碗米饭和青菜，左手是一碟肉。老奶奶跟我说了这样一句话：'这是政府发的粮食，我们感谢党和政府！'身为一名党员，听到老百姓这样说，我顿时热泪盈眶！"（见图 7）

● 图6　受灾地区调研时访谈群众生活需求

● 图7　老奶奶手端食物，
感谢党和政府

　　倒塌的房屋、受伤的受灾群众给服务队队员莫大的震撼，而受灾群众信任的目光又给了队员莫大的鼓舞。他们不顾余震的风险，加快了踏勘调研的步伐。

　　大观镇政府大楼也受到了严重损坏，镇里的党员干部们只能在帐篷里办公。尽管条件艰苦，镇领导仍然全力支持、配合服务队的工作，他们马上召集镇里的领导班子开会介绍受灾情况。很快，服务队便初步确定了安置点的数量、位置与规模。虽然损失惨重，但当地村民非常有奉献精神，他们对于占用自家土地作为安置点都非常理解和支持。

　　经过一天紧张的现场调查，服务队圆满完成了对2市6个镇的安置点的调查工作，回到成都马上开始编制各个安置点的建设规划。

　　此时队员们也得知了一个重要的消息：第二天上午，也就是5月23日上午，时任国家总理温家宝将亲自了解服务队编制的安置规划方案。

　　时间紧迫，但使命光荣！所有队员都精神抖擞地做好了通宵达旦的准备，因为他们深知，安置规划早一天编制完成，灾区群众就能早一天摆脱困境。

　　服务队队员挑灯夜战，一直工作到凌晨4时，终于完成了作为样板的两个镇的安置规划，确保规划图纸能尽快完成。

『方案获得温家宝总理的认可』

5月23日——温总理来了

这天，时任国家总理温家宝抵达彭州市通济镇思文社区，看望慰问受灾群众。当地干部打开规划布局图向温总理汇报了队员们编制的临时安置规划，温总理对安置规划的效率和效果表示认可，同时也对临时安置点的建设提出了一些要求，如：平均每50套板房配建1个集中供水点、1个公共卫生间、1个垃圾收集点；平均每1000套板房配建1所小学、1个诊疗所、1个粮食与商品零售点。这让队员们深感温总理对受灾群众的生活考虑得细致且周到。通宵达旦完成的规划图纸得到了温总理的认可，服务队队员更加干劲十足。

中午，温总理下达指令，5月30日之前建好所有的受灾群众安置房，3个月内完成灾区各个镇的重建规划，3年内使受灾群众的生活水平恢复到灾前水平。

面对国家的要求，带队老师耿虹对同学们说："因为灾后重建规划工作量比较大，可能各个省将会负责一定地区的规划，但这依然是志愿者的行动！"服务队队员都表示，如果能参与，必将全力以赴，这是作为规划工作者最大的光荣！

为了做好规划，住房和城乡建设部下发了一本工作手册，其中详细地说明了中央对安置规划的要求和各项指标。工作手册指出，每户安置房的尺寸是3.8×4.75米，每10户布置一处公共卫生间、盥洗室和公共厨房，每400户要配有标准的公共设施（幼儿园、管理用房、市场、商店、垃圾转运点、消防水池和防灾集散场地），超过1000户就应当设置幼儿园和小学，超过3000户就要布置中学。

想到痛失家园的灾区群众，服务队队员心急如焚，马上投入到紧张的安置板房建设图纸工作中（见图8和图9）。从上午8时到第二天凌晨2时，他们没有走出过成都市规划管理局的大楼，甚至由于太忙，一整天就吃了一顿饭。

● 图8　队员们与当地干部讨论方案　　　　● 图9　队员们与当地负责人讨论安置点
　　　　　　　　　　　　　　　　　　　　　　　　选址，在地图上确定具体位置

队员们加班加点地工作，终于提前完成了板房图纸绘制工作。队员赵颖说："一想到我们的努力工作能够让受灾群众早日搬入安置板房，能够全面投入自救和生产当中去，我就感觉无比欣慰和自豪，再累也不觉得累了。"

『不眠不休，一定完成任务』

5 月 24 日——依据人民的需求做规划

5 月 24 日，按照计划安排，服务队需要完善几个镇的安置规划，最迟于 5 月 25 日上午汇总给四川省住房和城乡建设厅。之后会有相关负责人处理完成规划方案的工程问题，然后马上交给工程队施工。

由于人员调整，团队里的耿虹老师要负责整个彭州市的安置规划工作。时不时有人前来找耿虹老师寻求指导，这使得服务队本就繁重的任务更加艰难了，但大家都在默默地加快工作进度，只想再快点、更快点！

下午，再次前往现场调查的队员陈涛回来后告诉大家，已经有很多临时住房运抵现场，只等施工图来指导安装了。所有人都很兴奋，因为这意味着那些一直风餐露宿的乡亲们马上就有可遮风挡雨的临时安置家园了。提前完成工作的服务队主动申请帮助其他团队，队员们协助上海同济城市规划设计研究院完成了 4 套规划图纸，为丽春镇布置了 3500 多户安置房。

然而，完成任务的轻松喜悦没有持续多久，晚上 10 时，彭州市红岩镇的两位镇长亲自赶来指挥部，与服务队商量能否更改之前规划的梨园社区。

原来，按照规划，梨园社区占地超过 11 公顷，安排了 1768 户受灾群众。但是，安置规划的地块位于红岩镇的高产农田上，如果修建房子，红岩镇损失将会很大，对人们未来的生活安置也会产生很大的影响。

镇长向大家详细地介绍了当地居民的生活和生产情况，以及对安置点布局的一些细微要求。他们提出，由于在等待重建的几年时间里，居民都要在安置点生活，希望服务队能对布局方案再做些细节优化。

本着为人民服务的精神，耿虹老师要求队员们马上按照镇领导要求重新布置 1700 多户安置房。经过 4 个多小时的探讨协商，队员与两位镇长明确了新的方案（见图 10）。

队员祝文明不禁感叹道："这个方案可以说是真正以灾区群众的意志和需求为导向，以我们的规划技术为支撑实现的。一想到我们的设计牵涉近 5000 名灾区群众的利益，也影响到红岩镇的经济生产，又听到镇长因为时间紧，他们也是才讨论决定更改安置地点而再三道歉，并对我说'我

● 图 10　指挥部沟通场景

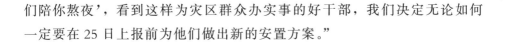

们陪你熬夜'，看到这样为灾区群众办实事的好干部，我们决定无论如何一定要在 25 日上报前为他们做出新的安置方案。"

5 月 25 日——最后的冲刺

终于，在 25 日凌晨 2 时，团队重新做出了红岩镇的安置规划。两名镇长非常激动地表达了感激之情，同时对服务队队员的工作态度给予了高度评价。队员张波回忆道："这件事让我印象非常深刻，两位镇长用自己的行动向我们阐释了人民公仆的责任。"

在这次独特的规划任务中，责任、紧迫感、当地的托付、悲痛、热情一并支撑着队员们。虽然大家每天都熬夜画图到很晚，但依然精力充沛。短短几天时间里，在耿虹老师的指导下，这支服务队绘制了上百张安置点图纸。这在平时似乎是不可能的，但这样的非常时刻激发了每个人的潜能和斗志。

『怎会不害怕呢，但是救人更重要』

除了繁重的规划任务，服务队还多次面临余震危机。

5 月 22 日，服务队兵分两路，一队前往现场踏勘调研，另一队负责在下榻的旅馆整理资料。一天，负责在旅馆整理资料的队员突然感到所坐的床在摇晃，抬头一看，房顶的吊灯也在剧烈地晃动。"不好，是余震!"赵颖心中一惊，拉上队员就往楼下跑。这时候旅馆其他房间的客人也纷纷跑了下来。

后来他们才知道当天发生了 6.4 级的余震，是截至那天发生的最大的一次余震。好在有惊无险，余震没有持续太长时间。但对于初次经历地震的两位大学生来说，这仍然是一次惊心动魄的经历。

而外出踏勘调研的小分队，在进入灾区调研时，沿路随处可见巨石和塌方，也会时不时遇到余震。据队员张波回忆，调研结束，在离开青城山后的很短时间里，山上就发生了两次余震，山体落石阻断了道路，但处于紧张工作状态的队员们无暇担心危险，直到回了旅馆想起来才有些后怕。

后来据耿虹老师回忆，当时她在什邡市红白镇（已于 2019 年撤销）重灾区，目睹了废墟上余震发生的情景。她感受到了大地的强烈震颤，在大自然面前，生命真的太脆弱，人们必须团结起来才能重整旗鼓。

谈到余震对服务队的影响，祝文明说道："每天凌晨回到旅馆，好不容易能休息两三个小时，但经常被余震惊醒，得紧急疏散到楼下。现在回想起来，这些其实也不算什么，但在当时面对灾情，还是心有余悸、后怕不已。"他乐观地表示："虽然工作的过程很累，速度要很快，但想到我们的规划马上就可以实施，一两周之内房子就可以建好，老百姓们就可以入住，我们觉得所有的付出都是值得的。"

『接力赛跑，将爱传递』

现场考察的奔波疲惫，用室内案头工作来驱除、消解。相互支撑与轮番接力的智慧交融，4 个昼夜焚膏继晷的协作拼搏，服务队终于完成了指定工作范围内 26 个灾后安置点规划工作，让两万多受灾群众、无数个家庭在家园破碎后有了临时的新居所，有了具备基础生存条件的过渡性家园。

5 月 25 日上午 10 时，四川省住房和城乡建设厅召集所有参与人员和有关部门，举行了安置规划成果的交接仪式。

队员们完成规划任务之后，去了此次地震后备受关注的聚源中学。去之前，他们只是在网上看了相关报道和照片，知道有很多师生在地震中丧生。当他们真正站在聚源中学废墟前时，才知道灾区群众是多么需要帮助和安慰。

一位母亲伤心地给队员们看她女儿的照片，她的声音很小，断断续续地说道："我女儿成绩很好的。她坐在后面，地震来了就趴在座位下面。谁知道楼会垮的……我可怜的孩子……"队员们听了直掉眼泪。

这些景象深深地震撼了服务队，队长倪敏东作为规划 2007 级研究生党支部的支部书记，回到武汉后做的第一件事就是号召支部的党员为赈灾做一些力所能及的事情。

　　这次特殊的救援行动给大家留下了不可磨灭的印象，也对他们今后的人生产生了巨大的影响。队员祝文明感慨道："这一次的抗震救灾工作时间虽然不长，却是我人生中一段难以磨灭的记忆。我切实感受到了灾区群众众志成城、抗震救灾的决心和力量，也感受到了他们面临大灾乐观向上、坚忍不拔的精神，我为能够以一名党员的身份，亲身参与汶川地震的救灾工作，为灾后重建家园行动贡献一份力量而感到由衷的自豪。"

　　安置规划是服务队灾后救助工作的第一步。在其后的一年多时间里，他们又承担了受灾村镇的灾后重建规划工作。回到华中科技大学后，耿虹老师带领队员们继续完成了第二阶段（5月底到8月底）彭州市通济镇灾后重建规划工作，对住房、道路、中小学、医院等基础设施建设进行统筹安排与规划，将通济镇打造为灾后重建示范镇。

　　华中大建规学院服务队这次的行动得到了华中科技大学党委书记朱玉泉的高度肯定，也得到了学校各方面的帮助。此外，这次行动得到了社会各方的高度关注，华中科技大学喻园晨光网站跟踪报道了服务队每天的工作进展，《南方周末》《成都商报》《武汉商报》《武汉晚报》和湖北人民广播电台等多家媒体采访和报道了这支独特的高校学生规划支援队伍（见图11）。更为重要的是，本次行动对建规学院师生来说，是一次难得的爱

● 图 11 网站跟踪报道

国主义和职业精神的教育机会，队员们在汶川地震灾区的所见所闻、他们运用专业知识为灾区重建做贡献的事迹，极大地感染了全体师生。

建规学院学子充分运用自身专业优势，第一时间组织大家进行了一次针对赈灾的爱心义卖活动，义卖筹得的善款全部捐往汶川地震灾区（见图 12）。本次活动没有长时间的周密策划，也没有绝对的组织者与参与者，大家仅凭一颗颗爱心，在共同的努力下，用自己的汗水为灾区的同胞们出了一分力。

● 图 12 同学们将自己的作品作为义卖的商品，为灾区同胞献上爱心

成都市规划管理局向华中科技大学发来感谢信，信中说道："贵校派出 7 名高水平的建筑、规划等专业的专家学者……赶赴我市开展灾后重建规划援助工作……他们不顾个人安危，冒着塌方和余震的危险，多次深入灾区现场踏勘；他们不怕疲劳，夜以继日，连续奋战；他们对灾区人民高度负责，严谨细致，精心规划，为受灾群众临时、过渡安置规划选址的确定和规划设计方案的制定做出了突出贡献。"（见图 13）

队员们用不灭的热情和一如既往的担当，精心谋划着大地伤痕上的美丽建设事业，为经历过那场山川巨殇的老百姓描绘出明天的希望！他们用专业行动践行了自己的誓言，也用无私的付出感动了汶川人民。

灾难当前，唯有责任。气壮山河的生死营救、规模空前的八方支援，在地震废墟上谱写了一曲曲感天动地的英雄壮歌，充分展现了"万众一心、众志成城"的伟大抗灾精神。

这是希望的延续、生命的延续、精神的延续、文明的延续。

多年过去，每当回忆起当年触目惊心的灾情，回忆起团结工作、一心救灾的忘我拼搏，回忆起受灾百姓的殷殷期盼和协作干部的深情嘱托，队员们无不感慨万千，也依然会热血涌动！在 2023 年笔者采访他们时，队员们表示，对于专业人士来说，在最被需要的地方及时出现和付出，是一辈子都值得自豪和追忆的！

成都市规划管理局

感 谢 信

华中科技大学：

　　"5·12"汶川大地震给我市都江堰、彭州等部分区（市）县造成了严重破坏。在抗震救灾的紧要关头，贵校派出7名高水平的建筑、规划等专业的专家学者，带着贵校各位领导和全体师生对灾区人民的深情厚谊赶赴我市开展灾后重建规划援助工作。其间，他们不顾个人安危，冒着塌方和余震的危险，多次深入灾区现场踏勘；他们不怕疲劳，夜以继日，连续奋战；他们对灾区人民高度负责，严谨细致，精心规划，为灾民临时、过渡安置规划选址的确定和规划设计方案的制定做出了突出贡献。

　　在此，我们谨代表我市受灾群众和规划系统全体干部职工向你们表示衷心感谢和崇高敬意！你们的关怀和帮助使灾区人民倍感温暖，让我们深受感动和鼓舞，更加坚定了我们战胜这场特大自然灾害，重建美好家园的信心和决心！

　　我们坚信，有党中央国务院、省委省政府和市委市政府的坚强领导，有全国各族人民的大力支援，有社会各界的鼎力相助，我们一定能够夺取抗震救灾的全面胜利，重建美好家园！

成都市规划管理局

二〇〇八年五月二十八日

● 图 13　成都市规划管理局的感谢信

2008 年赴汶川党员先锋服务队名单

指导老师：

耿　虹　华中科技大学建筑与城市规划学院教授

学生队员：

倪敏东　华中科技大学建筑与城市规划学院 2007 级硕士生

陈　涛　华中科技大学建筑与城市规划学院 2007 级硕士生

祝文明　华中科技大学建筑与城市规划学院 2007 级硕士生

赵　颖　华中科技大学建筑与城市规划学院 2007 级硕士生

张　波　华中科技大学建筑与城市规划学院 2007 级硕士生

罗　毅　华中科技大学建筑与城市规划学院 2005 级硕士生

跨越 5000 公里的情谊

| | | | | | | | | | | | | | | | |

『连续坐了 39 小时火车和 24 小时汽车』

2009 年 7 月 20 日，正值酷暑，华中科技大学建筑与城市规划学院（以下简称建规学院）一行 10 位同学和 3 位老师，从武汉赶往新疆库尔勒，为新疆生产建设兵团开展团场规划。

2008 级硕士研究生于澄平生第一次坐上从汉口开往乌鲁木齐的 T192 次火车。这趟火车需要两天一夜才能到达乌鲁木齐，这也是他第一次坐这么久的火车。与他一起经历这两种"第一次"的还有他的 2 位硕士研究生同学、7 位本科生同学，以及学院的耿虹老师、李磊老师和学校团委陈钢老师。

当时正值乌鲁木齐"7·5"打砸抢烧杀严重暴力犯罪事件后两个星期。出行前，建规学院领导再三斟酌安全问题，还专门开会征求 10 位同学和 3 位老师的意见，谁知道大家一致表态：去！

就这样，受新疆生产建设兵团农业建设第二师二十七团（以下简称农二师二十七团）再三邀请，我们的党员先锋服务队出发了，这是乌鲁木齐"7·5"打砸抢烧杀严重暴力犯罪事件发生后全国第一支援疆社会实践队伍。从武汉到新疆乌鲁木齐，队员们坐了 39 个小时的火车，之后从乌鲁木齐到库尔勒又坐了 24 小时的汽车，跨越了近 5000 公里的距离。一路上，没有休息的空间，也没有可口的饭菜，但队员们毫不计较，晚上队员们最大限度地利用车厢内的空间，使用建筑搭接的手法，互相依靠着入睡。来自多个年级的队员，因为长时间的车程变得熟悉起来。

『新疆生产建设兵团是一种怎样的存在？』

队员们刚到当地，就感受到了与众不同的气候、民族文化与建筑风貌，受到新疆当地人的热情接待。他们听到很多兵团人开疆拓土的英雄故事，不由得产生了深深的好奇。为什么叫兵团呢？兵团人有什么不一样的呢？

新疆生产建设兵团（以下简称兵团）是中国人民解放军驻疆部队的重要组成部分。1954 年，在毛主席发出"铸剑为犁"的号召之后，驻守新疆的几十万中国人民解放军拿起生产的武器，成为兵团这片广袤土地的第一批开垦者。从此，兵团人诞生了。

兵团是工农商学兵密切结合、农林牧副渔业全面发展的具有特殊职能的社会主义联合体，是经济建设的重要力量、民族团结的重要力量、安定团结的重要力量、维护祖国统一的重要力量。兵团是具有政治、经济、社会综合意义的特殊行政编制。

兵团在大规模开发时期，建立起新疆第一批工厂，如七一棉纺厂、八一钢铁厂、十月拖拉机厂以及一批煤矿、电站等。这些企业成为新疆的支柱产业和利税大户，构成了新疆工业化、现代化的起点。新疆正是由此逐步成为全国重要的粮、棉生产基地和石油工业基地。经过半个世纪的奋斗，兵团已经建立起一个个结构合理、门类齐全的农牧团场和工矿企业，初步奠定了新疆工业体系的基础。截至 2009 年，兵团下辖十三大垦区，人口 257 万，共有国营农牧团场 172 个，土地 9500 万亩，开荒造田 2085 万亩，大型工交、商、建企业 314 个，总资产 629 亿元。

从刚踏进垦区，住着帐篷和地窝子，喝着苦碱水，吃不上菜和油，到整齐、新鲜、平旷、大面积的绿洲农田，兵团人在自然条件极度困难的条件下创造了惊人的经济成就。兵团人对自己一犁一镐开垦出来的土地有着深厚的感情，也对自己的群体有一种自豪感和主人翁责任意识。为了垦荒，兵团人远离故土、终老边疆，他们牢记革命使命，历经创业艰辛，自豪、崇高而悲壮。

在接下来的调研访谈中，当地老人跟队员们讲起兵团的历史和现状，无不充满自豪。面对白发苍苍的老人，想象当年建设这里的艰辛，队员们时时为他们无私奉献的军人品格、开拓进取的豪情壮志而感动。图1为服务队与当地干部一起开会的情景。

感受到中国特色的兵团文化，当年队员、现任西安交通大学助理教授段城江，深有感触，回校后还撰写了一篇文章《新疆兵团文化特色浅析》与全院同学分享。

近些年来，以农牧业为主的兵团经济不仅与内地经济的差距越来越大，而且在新疆经济发展中的比重也呈下降趋势，使兵团人过去在经济上的优越感慢慢丧失，变成了内心的失落。兵团人对兵团发展的前途表示忧心，兵团人也正在多方问计、四处寻求新时代的发展之道，以缩小与内地经济发展之间的差距。正因如此，兵团人邀请建规学院的师生们前来，用师生们的规划专长为当地的发展出谋划策。

听到兵团人开疆拓土的事迹，感受到当地人寻求新发展的热切心情，队员们激动不已、摩拳擦掌，准备迎接挑战。

● 图1　服务队与当地干部一起开会

『融化在热情之中』

农二师二十七团位于新疆维吾尔自治区巴音郭楞蒙古自治州焉耆回族自治县天河镇，天河镇也是党员先锋服务队本次规划设计的对象。师生们之前没有接触过这种在兵团的背景下做小城镇规划的任务，因此对他们来说，这次既是机遇也是挑战。

在接下来 4 天时间内，队员们分组开展了对天河镇的调研。队员们对镇区进行了徒步走访，了解了市政基础设施、农业和工业发展状况，镇区社会经济发展情况，土地利用情况，人口、文化、资源、历史情况，公共建筑、居住、道路状况，建筑风貌和绿化景观情况等。此外，队员们还关注了镇区的房屋建筑质量、管道的铺设、公共厕所和污水点的排放等方面的情况（见图 2）。

队员们带着专业的眼光走访，对这里的建筑风貌与建设水平逐渐形成完整的印象。镇区的房屋建筑以一层为主，两两联排，多为土木结构、砖

● 图 2　服务队在调研

木结构或砖混结构,其中 60％以上为砖木结构,均为近似平顶的缓坡顶,表现出少雨地区的典型建筑样貌(见图3)。建筑材料为木材、黏土砖或土砖,有些配有芦苇秆束作为黏土结构墙体加固筋材。住宅一般为"园—院—宅"平面展开模式,院中多种植葡萄,院墙多用砖砌矮墙或树篱。从建筑比例、尺度、色彩及其与环境的关系来看,整体上在协调中透露出环境的艰苦与建设条件的艰难,更凸显了兵团人扎根边疆、战天斗地的英雄气概。队员们沿着开南大道两侧的小路逐条深入考察,发现里边还掩藏着众多土木结构的老房子,有好些已经倾圮。小路多为泥巴路,各条小路之间也较少横向连接。在道路铺装方面,除天河路、友好路、前进路、育英路、四川路几条主路和 325 省道为柏油路外,其余仍然是砂石路或土路,且镇区道路系统不够完善。从对外交通方面来看,与和库高速公路毗邻的325 省道为镇区主要对外交通通道。总体来看,除了有限的几栋新办公楼和宿舍之外,天河镇需要通过规划改造进行系统提升的地方有很多,这对队员们的问题意识、创新手段和专业表达能力提出了挑战。

● 图 3　2009 年天河镇城市风貌

　　另外,根据我国的《城乡规划法》,公众参与是很重要的环节,所以队员重视入户调查访谈,也重视和街上的居民攀谈。当得知队员们是来给这个镇做规划时,居民们非常热情,还纷纷向队员们表示感谢,让队员们看到了兵团人质朴的一面。

　　兵团领导和农二师二十七团各行各业的代表,通过会议等方式,向队员们提出了他们对农二师二十七团规划建设的想法。当然,队员们也到各职能部门收集了相关资料。

通过收集相关资料，队员们了解了农二师二十七团社会经济发展的总体情况。2008年，农二师二十七团的第一、二、三产业增加值占生产总值的比重分别为59.8%、22.6%和17.6%，全团人均生产总值为9043元，比上年提高1459元，增长19.2%。第二、三产业经济所占比重较低，产业发展不均衡，第二产业发展较慢，第三产业相对滞后。全国约10%的啤酒花都产自这里，农产品加工略占优势，工业的发展已初显规模。该地已经形成了以啤酒花生产基地、鹅产业发展基地、农产品加工基地为特色的农业产业化经营方向。

队员们到团部的种植场及八连和六连进行了参观。六连是连队旧房翻新的示范连，建筑依着原来的格局布置，不过都换成了砖混结构和琉璃瓦屋顶，院子围了一圈青绿的榆树篱，并种上了许多瓜果蔬菜，居住条件明显改善。

为了更好地进行这次规划，指导老师耿虹特意带领队员们参观了石河子市，参观了石河子博物馆。石河子市是一座特殊的城市，是全国第一个兵团城市，完全由军人选址、设计和建造。石河子市是一座神奇的城市，它在戈壁滩上拔地而起，一片欣欣向荣。石河子市的规划建设为队员们提供了经验借鉴。

队员们还专程拜访了新疆建筑设计研究院院长王小东先生并与其座谈。王小东先生是全国百佳建筑师之一，座谈的两个多小时里，他将自己对当地规划和建筑的心得和盘托出，队员们被他对新疆民族地域建筑创作的执着与热情深深折服，也为寻找到对当地建筑、规划有如此深了解的专家而感到幸运。座谈即将结束时，王小东先生为队员们题词"好规划师，好建筑师"，还将自己写的关于新疆当地建筑的著作《西部建筑行脚：一个西部建筑师的建筑创作和论述》赠送给队员们，这让队员们备受鼓舞。

队员们也去参观了当地新农村建设的示范村。这些村子有整齐的乡道、整齐的房屋，各项基础设施齐全，但美中不足的是，受当地气候条件影响，团场的建设和风貌非常单调，没有特色。这也正是二十七团请队员们做规划的原因，他们希望打破常规，做出有兵团特色、反映兵团精神的规划。

调研所到之处，兵团人都特别热情，他们在队员进门之初就端上茶水、安排果子点心，到了饭点，还经常极力挽留队员们吃饭。当年的队员、现任上海威尔考特建筑设计有限公司、中外建工程设计与顾问有限公司上海分公司设计主管王君益，多年后回忆起在二十七团的经历时说道："在这遥远的地方，我们体会到了家人般的温暖。新疆的餐厅里，永远会多设置一块空间供人们跳舞，吃饭和跳舞就像一对孪生兄弟。任你是多么羞涩的人，来到新疆，估计也会融化在这一派热情之中。"

『在海拔 5100 米的帕米尔高原上热泪盈眶』

在调研的过程中，队员们经常被一些感人的事迹和精神打动。当地很多老人经历了新疆的初期建设阶段，他们懂得当年选择这里、扎根这里、生活在这里的艰辛，对于今天看来并不完美的这个地方，他们感到欣慰、满足和自豪，他们对城镇快速发展表现出毫不掩饰的满意与喜悦。当年队员、现任中国葛洲坝集团电力有限责任公司设计研究院四室主任刘立国在当年的日志中有这样一段文字："没有华丽的词语，没有大张旗鼓的声势，没有金钱利益的诱惑，他们留在了这里，建设了这里，延续了这里。不由得让人思考——如今，我们这一代年轻人，可以为这里做什么？怎么做？做多少？"

队员们采访了新疆维吾尔自治区妇女联合会副主任宋奶奶。她在 20 世纪 50 年代就远离家乡来到新疆支援建设，作为援疆干部的代表，"到祖国最需要的地方去"的信念让她把自己的青春都献给了新疆的建设。宋奶奶新婚第二天便与丈夫一起奔赴新疆，三个月就学会了维吾尔语，把新疆人民当成自己的亲人，也深受当地人的喜爱。在宋奶奶身上，队员们看到了一名共产党员的义无反顾，现在她的儿女也都在新疆安了家，在自己的岗位上发光发热，为新疆这片土地的发展再做点力所能及的事。

在当地塔吉克族朋友的热情帮助下，队员们驱车前往中巴边境，登上了海拔 5100 米的帕米尔高原，抵达红其拉甫哨所。正常情况下，访客在这里停留的时间不得超过 20 分钟，因为高原反应会让人受不了。那天的气温大概在零下，凛冽的寒风夹杂着雪花飘落在帕米尔高原上。队员们被冻得手脚都失去了知觉，他们大口呼吸着空气中稀薄的氧气，忍着阵阵袭来的头痛，开始了对边防战士的采访。边防战士热情地让队员们登上他们的巡逻车，这给了他们温暖，也让队员们有了更多时间接触可爱的边防战士。

队员们在风雪中与边防战士聊起了在这里的生活，聊起了他们的理想。一位19岁的小战士说道："希望祖国的内地都平安，边防就让我们来驻守吧！"这句朴素又诚挚的话语让队员们不禁落泪。高山、白雪、界碑、红旗，红其拉甫哨所见证着战士们为祖国奉献的精神。当一位在新疆待了十几年的战士表示"我是一块砖，哪里需要哪里搬"时，队员们又一次热泪盈眶。战士们用冻得发紫的手帮队员们拭去脸上的泪水，队员们还以鞠躬或拥抱，以表达内心深深的敬意和热爱！帕米尔高原上，队员们的心和边防战士的心紧紧地贴在了一起……当年队员、现任华中大建规学院教师孔惟洁在日志里写道："正是这样的环境、这样的驻守带给祖国的人们安康，我们大学生还有什么理由不努力学习，不去思考为祖国做些什么呢？"

『 "你们服务队很不错嘛，短短数天，
就把我们这里的情况摸得这么清楚" 』

这边的作息和内地不同，北京时区属于东八区，而新疆所在地属于东六区，所以新疆夏天的白天很长，14时左右才吃午饭，下午上班时间也从16时开始，天黑时已经22—23时。队员们都是白天调研，晚上绘图，这样休息的时间就特别少，当年一同去新疆的辅导员老师李磊带着调侃的语气说起这段经历："我总是喊他们早点休息，喊不动，出了校门，都不听我的了。"汇报的前一天晚上，队员汪艳和几个本科生同学一起整理PPT到凌晨4时，之后，于澄和段城江等人还在为PPT怎样达到最好的效果而争论，一直修改到5时，大家才形成一致意见，进行了短暂的休息（见图4和图5）。

● 图4 服务队在高效工作

● 图5 王君益（左）和董玮玮（右）
高兴地展示自己绘制的成果

调研一周后，队员们以"奋进中谋求发展的二十七团"为题向农二师二十七团领导和天河镇各部门做了初步汇报，他们对镇区的人口、用地、产业发展、交通、房屋、给水系统和排水系统等各方面情况进行了现状陈述，并给出了一系列发展建议。

他们认为，随着农二师二十七团城镇化的逐步推进和居民生活水平的不断提高，人们对社会服务体系需求日趋增长，然而天河镇团场和连队的建设用地相对分散，不利于基础设施建设，今后人口不断向团场也就是镇区集中，所以应该节约建设用地，实现集约式发展。

如今的地形特征制约着城镇发展。目前用地中，居住用地约占土地总面积的70％（其中85％的居住用地质量不高），工业用地约占10％，绿地约占10％，商业用地约占10％。

团场的东边，即将达到镇域边界，没有发展余地；团场的南边是基本农田保护区，按国家法律规定，发展受限。因此建议团场向西边和北边发展，从现状图可看出，该镇区向外交通便利，紧邻325省道与和库高速公路，向西适宜发展工业及物流。北边有大量可建设用地，可发展更多居住用地，且与隆基酱厂毗邻，亦适宜发展工业，形成产业链。镇区发展方向分析如图6所示。

另外，团场内开放空间不足，且配套设施缺乏。但是天河人天性热爱舞蹈，每当夜晚降临，客运站前的小广场就变成了舞蹈的海洋，城市未来建设要为他们做充分的考虑，增加开放空间的规模及质量。

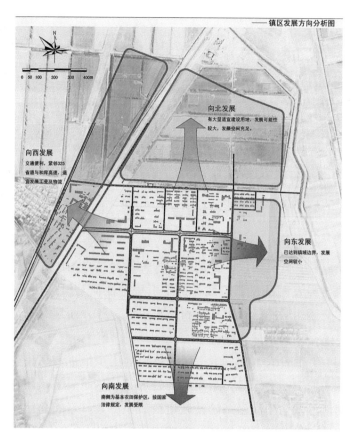

● 图 6　镇区发展方向分析图

　　农二师二十七团毗邻和库高速公路，但目前并没有高速出入口，距离最近的一个出入口位于焉耆县，距离较远。团场内部只有 325 省道由南向北经过。团场内部横纵的八条路中只有四条做了路面硬化，支路多为 3 米左右宽的泥土路。

　　道路系统不完善、道路硬化程度不高是制约农二师二十七团发展的重要因素。服务队在规划中建议加强镇区与焉耆县、库尔勒市的交通联系，形成主要的对外交通网络；团场内部道路以现状走向为基础与高速公路连接，并且加强内部联通，形成便捷高效的城际通道与连队快速通道，同时提升核心服务区道路的硬化程度，加设健身步道，结合景观及公共设施打造良好的步行景观，提升环境质量，提高人们的生活品质。镇区道路交通规划如图 7 所示。

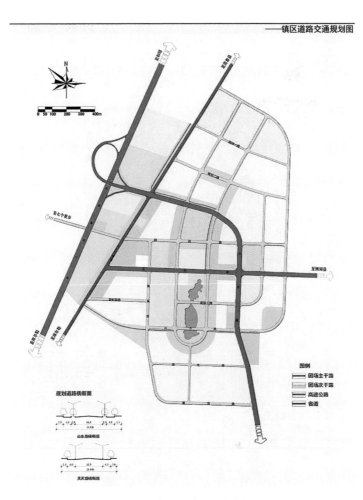

● 图 7　镇区道路交通规划图

　　在产业发展上，农二师二十七团是特色经济作物的生产基地和加工基地，盛产啤酒花、小麦、甜菜、番茄、辣椒等，建议此地大力发展地区特色农业，以天河工业园区为空间载体，推进产业集中化、园区化，重点发展鹅产业深加工和啤酒花深加工等特色产品加工业，尤其要注意拓宽产业链，加快大规模产业发展，在镇区形成规模效应，力争发展成为承接库尔勒城市圈和农二师其他兵团加工产业外迁的重要发展区域。农二师二十七团目前仍处在工业化、城镇化快速发展的起步期，城镇空间拓展需求强烈，应提高城镇土地利用率，工业发展要少占绿地特别是农田。镇区建设用地规划如图 8 所示。

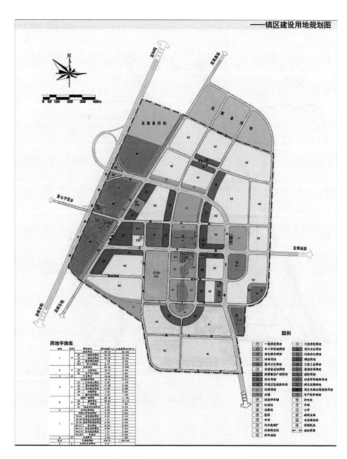

● 图 8 镇区建设用地规划图

队员们建议该地采用林草鹅间作模式，做大做强鹅产业。春夏季，林间青草茂盛，可以充分满足鹅对青草的需求，青草饲养的鹅成长快、疾病少，鹅肉的风味和品质有保证。鹅喜冷怕热，林间树荫为鹅提供了天然的避暑降温的好去处，可以降低炎热季节高温对鹅生长的影响。鹅采食林间杂草，降低了饲养成本，也减少了苗木基地的除草费用。从养鹅实践来看，每亩地林地杂草全年可养鹅 100 只左右，能实现 1000 元以上的盈利，可节约 200 元左右的除草费用，每亩地可净增收 1000 元以上。鹅粪施肥于林地，还可减少化肥的使用量。这种以种促养、以养补种的林草鹅间作模式，可实现经济效益、社会效益和生态效益的有机结合。

除此之外，规划建议打造沿博斯腾湖风光旅游带。天河镇与周边地区相比，具有风光优美的天然优势，该镇内有博斯腾湖，且保护较好。受湖水调节作用，与周围地区相比，二十七团气候条件温和温润，热量适中，总体具有"水美、湖美、芦苇美、农田美、天更美"的特点。

农二师二十七团团长对队员们的汇报中关于旅游的设想提出了一些不同的看法，他从新疆与内陆旅游资源的优劣和旅游形式的不同方面进行分析，向队员们展现了他这几年对镇域发展所做的全方位思考。这次交流会代表了两个视角，一是外地人看新疆，依据的是以往的经验和这几天在新疆的所见所闻所感；二是新疆人看新疆，依据的是对自身的审视和了解。这种交流让双方均受益匪浅。

团长在讲话中肯定地说了几次"你们说得很准"，并感慨"你们服务队很不错嘛，短短数天，就把我们这里的情况摸得这么清楚"！

『依依惜别』

7月30日，第一次实地调研结束了，队员们要返回武汉了。虽然在新疆的时间不太长，队员们却和当地的官兵结下了深厚情谊。上车前，大家拥抱了再拥抱，握手了又握手，多愁善感的女孩子甚至哭了起来。

队员汪艳在当天的日志里将这种感情描写得淋漓尽致：

> 忘不了"大地的眼睛"新疆天山天池，造化之神将它镶嵌在天山博格达峰半山腰，一展山川之壮丽，汲取天地之精华；忘不了戈壁滩上闪亮的明珠"石河子"，钢铁般意志的中国军人用智慧在这里架起坚忍不拔的桥梁；忘不了"魅力城市"库尔勒，古丝绸之路的咽喉要道，既有内地都市的繁华，又有边塞城镇的宁静；忘不了奋进中的二十七团，兵团人民用自己勤劳的双手在奋进中谋求发展；忘不了兵团精神，那是"顽强生存、艰苦奋斗、乐观向上、负重前行"的意志；忘不了这10天，我们和兵团人民结下的友谊，我们期待他们来武汉做客……10天，带给我们的太多太多。

> 感动的是兵团人精神，在荒芜的戈壁上，在杳无人烟的大地上，勤劳的兵团人民用双手垒起了一道道城墙，用汗水砌起了一

座座高楼,让人类的文明在这里流淌;感动的是我们队员之间的友谊,有不经意间的一句问候,有面对困难时的齐声鼓励,有大家熬夜时一起吃苦的幸福。

第一次这么久地待在新疆,第一次那么近地走进兵团。10天前,我们都还是"两耳不闻窗外事,一心只读圣贤书"的单纯的大学生,今天,我们走出校园,踏上社会,走近居民。从书本知识和纯粹的理论,到真正融入社会,实践是一个必不可少的部分,是我们从稚嫩走向成熟、从单一走向活泼、从狭隘走向博大的重要阶段。只有通过社会的磨砺,我们才能脱石成玉,百炼成钢,正所谓"纸上得来终觉浅,绝知此事要躬行"。

这次新疆之行让我体会到一个词——社会责任感!社会责任感是每一个社会成员都应履行和承担的社会价值,它使我们的行为更完善,让我们更好地适应社会的需求。作为当代大学生来讲,具有社会责任感至关重要,其前提和基础在于自身的"建设",不仅是学习上的,更是品质和人格上的。这次亲身体验让我有了深刻感触,这不仅是一次实践,更是一次人生经历,是我一生中的宝贵财富。

『像是石子投进湖中,激起长久的涟漪』

从新疆返回后,队员们围绕天河镇规划开展了非常多的工作,中间还有队员再去新疆调研和收集相关信息。前后历时近一年,队员为农二师二十七团完成了天河镇2009—2020年总体规划修编工作,规划评审会在乌鲁木齐市隆重举行并顺利通过。这为建规学院和农二师二十七团的合作奠定了基础,并促成了学校和兵团之间签订系列框架协议,开启了两者的长期合作之旅(见图9)。

此次的新疆之行,就像一粒小石子,投进了队员们的心湖,激起了长久的涟漪。

● 图9　华中科技大学和农二师二十七团签订合作协议

　　队员于澄博士毕业后放弃了去著名企业的工作机会，选择去广西工作，如今已经成为柳州市柳江区常务副区长、区委常委，他说："兵团有位杨阿姨介绍，她父亲是老党员，来到兵团后就扎根于此，固守沙漠周边和边境沿线，不仅把自己的青春奉献给了这里，还'献了青春献子孙'。这让当时的我大为震撼，开始真正思考自己学习的目的和意义。'热爱祖国、无私奉献、艰苦创业、开拓进取'的兵团精神一直镌刻在我脑海。奋斗是青春最亮丽的底色，行动是对青年最有效的磨砺。如今我已是在地方政府任职的党员干部，这股精神一直激励我奋进！"

　　当年的队员熊云春，现为深圳市新城市规划建筑设计股份有限公司江西分公司总经理、江西云汉规划建筑设计有限公司董事长，他在近期的采访中回望这次经历时说道："在将近一年的时间里，我与新疆生产建设兵团建立了莫名的情缘，这种情感直抵内心，至今仍埋藏心中。这是一次扎扎实实的立足兵团基层开展的规划编制之旅。新疆具有与中部省份不一样的地形地貌特征，党员先锋服务队按照分级分类的原则从镇域、镇区、总体布局、专项规划等方面进行分组，开启了现场踏勘及部门座谈交流工作，调研覆盖团部的每一寸土地。通过本次规划项目，农二师二十七团与华中大建规学院建立了深厚的友谊，双方以此为契机，签署深化了高校与兵团之间的系列框架协议，开启了高等院校与兵团对口合作新篇章，为新疆社会稳定和新时代发展提供了坚强保障。"

之前提到，当时队员们拜访了新疆建筑设计研究院院长王小东，了解了当年大学毕业生从内地来到新疆为当地建设贡献力量的抱负和情怀。王小东先生一定想不到，在当年这一行学生中，有人毕业时选择了去新疆工作，她就是董玮玮，现为乌鲁木齐市城市规划设计研究院注册城乡规划师、咨询工程师。

回忆起当年这段经历，董玮玮感慨道："从湖北大山的农村到西北边疆的兵团，匆忙充实之间走了近一个月，惊讶于葱葱郁郁大山里上百年的老房子，感动于戈壁良田低矮的土坯居舍；走过蜿蜒曲折而惊险的山路，体验戈壁白杨笔直的柏油路；触摸山间凉爽的微风，感受炽热的阳光、狂躁的大风。社会实践的特殊经历给我的研究生生涯添上了浓墨重彩的一笔，更是在我心里种下了扎根西部、建设西部的种子。十余年过去了，我已经在乌鲁木齐市城市规划设计研究院工作多年，高山雪原、戈壁条田已然成为当下工作生活中不可分割的一部分，务实创新、开拓进取的团队精神也已成为我多年来成长的源源动力，难忘的社会实践经历注定是我一生中宝贵的财富，更加美丽的新疆也始终值得我持续努力向上。"

当年的队员、现任中铁建城市开发有限公司产品研发管理中心副总经理孙攀谈起这次服务队活动时说道："我完成了学生时代最有意义最勤恳务实的一次社会实践，为国家做了一些微不足道的小事。同时也通过多民族的接触和融合，了解中国的地大物博，通过服务队的协同合作，结识了一辈子的好朋友。感谢当年学院的远见卓识和细致安排，这将是我一辈子难忘的经历和养分！"

感到新疆发展的现状急需青年人才的加入，队员们将新疆的发展现状记录下来，让同学们看到在祖国西部广大地区施展拳脚的机会和发展机遇，由李磊老师执笔，完成了一份《大学生志愿服务西部倡议书》，该倡议书最终被校团委参考采用。

队员们在新疆的走访调研中遇到的感人故事和可贵精神是绝佳的思政教育题材，队员们回校后组织召开暑期社会实践后期宣讲会，以"西部发展现状、见证建筑大师的风采""弘扬艰苦奋斗、服务西部的精神"为主题向全校同学分享实践收获，宣传援疆人员在新时代背景下甘于奉献的精神，宣传兵团人家国天下的情怀，让实践教育的思政成效立足本院、辐射全校。

2009 年赴新疆库尔勒党员先锋服务队

指导老师：

耿　虹　华中科技大学建筑与城市规划学院教授

陈　钢　华中科技大学校团委副书记

詹　健　华中科技大学建筑与城市规划学院党总支副书记

吕宁兴　华中科技大学建筑与城市规划学院教师

李　磊　华中科技大学建筑与城市规划学院学生工作组组长

傅方煜　华中科技大学建筑与城市规划学院辅导员

学生队员：

段城江　华中科技大学建筑与城市规划学院 2004 级本科生

董玮玮　华中科技大学建筑与城市规划学院 2004 级本科生

孙　攀　华中科技大学建筑与城市规划学院 2004 级本科生

韩　霞　华中科技大学建筑与城市规划学院 2005 级本科生

汪　艳　华中科技大学建筑与城市规划学院 2005 级本科生

孔惟洁　华中科技大学建筑与城市规划学院 2005 级本科生

王君益　华中科技大学建筑与城市规划学院 2005 级本科生

刘立国　华中科技大学建筑与城市规划学院 2008 级硕士生

熊云春　华中科技大学建筑与城市规划学院 2008 级硕士生

于　澄　华中科技大学建筑与城市规划学院 2008 级硕士生

习主席参加在建规学院举行的主题党日活动^①

| | | | | | | | | | | | | |

2010 年 1 月 22 日下午，时任中共中央政治局常委、中央书记处书记、国家副主席习近平莅临华中科技大学视察。

习主席首先来到华中科技大学南四楼的建规学院大厅，参观了反映学校办学成果的展览。在反映历史才培养、社沿革、人会服务等情况的展板前，习主席听取了时任华中科技大学党委书记路钢、校长李培根院士的汇报，了解了学校"育人为本、创新是魂、责任以行"的办学理念和开放式办学等鲜明的办学特色（见图 1）。

● 图 1 习主席在建规学院大厅看展览

① 《习近平与大学生朋友们》编写组．习近平与大学生朋友们 [M]．北京：中国青年出版社，2020：207-218．（有删改）

　　之后，全国优秀辅导员——建规学院王小月老师向习主席汇报了学校"党旗领航工程"的实施情况，当汇报到建规学院党员先锋服务队积极参与四川震区灾后重建的工作情况时，习主席指着展板上一位老奶奶的照片（见本书第一篇文章的图7）询问道："这个照片是……"

　　王小月老师回答："这是我们学生党员在镇区临时安置点调研需求时遇到的老人，她捧着自己的饭告诉同学们，这是党和政府免费发放的，她非常感谢中国共产党！学生们说，这次实践让他们真切体会到了为什么只有共产党才能救中国，进一步感受到了作为共产党员的责任与使命！"

　　习主席对同学们的实践活动表示肯定，并强调要读万卷书、行万里路，同学们不仅要在学校里刻苦学习，还要到社会上锻炼实践。

　　参观完展览后，习主席走进建规学院110教室，参加同学们正在举行的"党旗领航工程"主题党日活动，在听完朱杨和袁博两位学生党员的汇报发言后，大二的学生主持人杨柳，邀请习主席对同学们发表青春寄语（见图2）。

● 图2　习主席在建规学院110教室参加"党旗领航工程"主题党日活动并发表讲话

习主席首先对华中科技大学进行了点赞，说华中科技大学是一所非常著名的重点大学，师资力量一流，科研水平很高，办学宗旨符合实际、符合潮流，具有现代理念，培养出一批又一批的优秀人才，同学们能够在这样一所大学学习是非常幸运的。习主席说，听了同学们的演讲很有感触，从中看到了"80后""90后"年轻一代的精神风貌，也看到了华中科技大学抓素质教育所取得的成绩，看到了学校党建工作的成果。习主席为当代大学生点赞，他说，当代中国大学生有热爱祖国、热爱人民的真挚感情，有为中华民族伟大复兴而奋斗的理想信念，是大有希望的一代。

习主席说，学生党员能够在自己专业能力范围内，在深入基层、服务地方和社会实践的过程中，提升党员的党性，提升自己的情操，是非常令人欣慰的。

习主席十分关心大学生的就业工作，他说，党和政府很关心大学生的就业问题，将继续加大力度促进大学生就业，学校也要做好大学生就业的服务工作。学校开展的学生工作对大学生未来的成长成才有着很重要的影响。

习主席说，同学们要有正确的择业观，千里之行，始于足下，要做那些可能做、可以做的事，要忌"急"，不能急于求成。要脚踏实地、实事求是，不能眼高手低、好高骛远。选择到社会需要，到党、祖国和人民需要的地方去，要从小事做起，最后做成大事。成才之路需要读万卷书，行万里路，它是一个积累的过程。习主席还举例说，这就好比一个大力士，奥运会的举重冠军，他能举起一百多公斤，当然是从举十公斤、二十公斤开始的。

最后，习主席勉励同学们志存高远、脚踏实地，勤于学习、增强本领，在服务人民、服务社会的实践中，努力把自己锻炼成为德智体美劳全面发展的合格人才。

王小月老师回忆起当时的情景，补充了一个细节——习主席上车前对她说："对学生而言，辅导员是非常重要的人，你们的工作很有意义和价值，也祝你工作顺利！"

习主席参加主题党日活动时，大胆邀请习主席讲话的学生主持人杨柳，事后谈到这个事情时表示自己当时鼓足了勇气。

"当时我就坐在习主席的对面。本来习主席讲话这个环节是没有的，但是我看习主席在听同学们发言时非常高兴，听得非常认真，于是就鼓起勇气，邀请习主席叮嘱我们几句。当时我有点儿紧张，所以在邀请习主席时话说得有点儿生硬。但让我没想到的是，习主席笑眯眯地看着我，和蔼地说：'刚才这位主持人让我讲话，现在最流行的词就是"被"，这次我算不算"被"讲话？'一句话就把大家都逗乐了，现场的气氛顿时活跃起来，我之前的紧张感也随之消失了。主席一句玩笑话一下就拉近了我们之间的距离，让人感到特别亲切。

更让我没想到的是，习主席讲话时，竟然主动站了起来。他这样做可能是想让围在外圈的同学们听得更清楚一些，这个瞬间令我非常感动。

活动结束时，习主席与在场的师生一一握手，并对我说：'你主持得真不错！'我当时特别高兴，开心地说：'谢谢主席！'"

向习主席汇报发言的两位学生党员中，袁博是建规学院 2008 级硕士生。她对当日的情况记忆犹新。

"我汇报了我们参与汶川地震灾后重建的志愿服务活动，2008 年 5 月 20 日，我院组织了一次由学生党员组成的党员先锋服务队，赴灾区开展临时安置规划和灾后重建工作，我们当时主要参与了都江堰和彭州市 6 个镇的安置规划工作。我们是全国第一支参与四川灾后重建规划工作的大学生志愿服务队。一个月后，我们建规学院的其他学生党员也组成了服务队，继续奔赴灾区参与重建规划工作。

在党员先锋服务队出发的前几天，我们团队中有一位师兄的爷爷去世了。这位师兄是家长孙，按理说他应该回去，但是，他的父亲为了让他安心完成任务，没有告诉他这个消息。他的父亲也是党员。他说，在国家需要的时候，能够为国家出自己的一分力，是一件很光荣的事情。我在现场汇报这件事情时有一些哽咽，出现了一些停顿。习主席听到这里的时候，带头鼓掌给我鼓励。

活动临近尾声时，习主席与我们亲切交谈，不仅对我们小分队的工作给予了肯定，还夸赞我们'小年纪能干大事'，希望我们青年一代坚持与祖国同行、为人民奉献，以实际行动实现青春梦想。"

当日现场主题党日活动的参与者之一王旭认为这次经历让他产生极大

触动，他说："我出生于四川农村，对农村的物资匮乏、交通不便、生产力落后有切身感受。到了华中科技大学，我主修城乡规划专业。暑假期间，我多次组织和参与新农村规划的社会服务活动，为村民解决饮水、防洪、上厕所等问题。

当时，习主席高度评价了我们学院支援乡村规划建设的活动。我有幸现场聆听了习主席的讲话。他说，与我们的交流就是和未来的一种联系，青年人是一代要比一代强的。国家要富强，民族要复兴，就必须要有后来人，否则我们的事业就是没有希望的事业。同学们要有正确的择业观，要到党、祖国和人民最需要的地方去……习主席语重心长的话语使当时大四的我内心受到极大触动，启发着我不停地思考自己的职业和人生选择。

作为香港大学和哈佛大学联合培养的博士，毕业之后，我毅然选择回到家乡四川，期待把自己的所学献给党和人民，献给父老乡亲。入职以来，我参与《四川省城镇体系规》、四大城市群规划等四十余个重大规划的研讨和编制，进一步加深了对城乡规划理论的认知，发表了四篇以村庄规划、农民工就业等为主题的论文。

在繁忙的工作中，我体会到了为人民服务的幸福，理解到了把自己的职业选择与党和人民需要结合起来的快乐，感受到了深入一线、扎根基层、脚踏实地带来的充实感。我深深地感谢习主席当年对我们的启发和教导。"

先锋志愿描绘保安夏日情

| | | | | | | | | | | | | | |

　　"嘎——吱——"大巴车一个急刹，随即车上的人员听到了"嘭"的一声巨响，原来是一块巨石被雨水冲刷得从公路左侧5米高的山壁上剥落，滚落下来重重地摔在了大巴车前面不足50米的路面上，形成了直径约10米的碎石堆。

　　车上的队员们吓了一大跳，带队的任绍斌老师更是立刻冲到司机驾驶室，确认车辆安全情况。看到碎石挡住了大巴车前行的道路，确认暂时没有更多的石块跌落后，王铂俊等几名男队员纷纷下车，三个一群两个一伙，把较大的石块搬离路面，方便大巴车通行。

　　2010年7月21日，华中科技大学建筑与城市规划学院（以下简称华中大建规学院）赴湖北省大冶市保安镇。党员先锋服务队在清晨冒着小雨出发了。

　　这是党员先锋服务队的第四次行动，队员们继承和发扬了前三次党员先锋服务队的精神传统，响应2010年1月时任国家副主席习近平在我校视察时对我院党员先锋服务队提出的号召，结合当前社会主义新农村建设的实际需要，开展了以"服务深入小城镇、实践引领新建设"为主题的送规划服务活动。

　　服务队队员包括建规学院2005级、2006级和2007级三个年级的20多名学生，由当时的建规学院任绍斌副教授作为专业指导教师，辅导员周雅琦老师带队，单卓然同学为党员先锋服务队队长。队伍规模庞大、实力强劲。

　　从武汉到大冶市保安镇需要三个小时的时间，虽然不算久，但一路颠

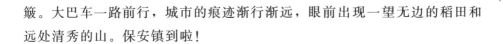

簸。大巴车一路前行，城市的痕迹渐行渐远，眼前出现一望无边的稻田和远处清秀的山。保安镇到啦！

『创造条件也要上』

虽说保安是一个镇，条件却比队员们想象得要艰苦。镇上稍繁华一点的地方是一条有着几家一层临街商铺的街道，这里没有人行道，几家商铺大都是经营汽修、装修之类。最出乎大家意料的，是缺乏基本的工作场所。

到保安镇之前，队员们担心当地没有电脑等相应的工作设备，于是都自备电脑，没有笔记本电脑的队员甚至将笨重的台式电脑不辞劳苦地带了过来。但等到了保安镇，队员们却发现连放电脑的地方都没有。

当地政府工作人员满怀歉意地表示，由于条件的限制难以为大家提供一个适宜的工作场所，但会尽力腾出一定的空间，只是这需要几天的时间。队员们不由地犯难了，初期的工作该怎样进行呢？

尽管如此，年轻的队员们依然斗志昂扬："没有空间就创造空间嘛，没有条件就创造条件嘛，这是建规人应有的素质。"没有开会的场所，队员们就聚集在狭窄的旅馆中开会；没有坐的地方就站着讨论和记录；没有放电脑的地方，就将电脑放在自己的床上使用；没有画图的桌子，队员们就趴在地上画图（见图1）。

● 图 1 队员们坐在招待所的床上开会、安排工作

简单安置行李后，队员们便赶往镇政府，开始今天的工作。

队员们要做的第一项工作是与当地干部座谈，收集政府资料并听取当地干部的想法。座谈会由保安镇的党委书记和镇长亲自牵头，镇政府所有科室的工作人员都参与，他们介绍了保安镇的现状和面临的问题，明确了这次规划的主要任务和目标（见图2）。

● 图2 服务队与保安镇政府的第一次座谈会

　　对接的王镇长分管城建，他是一位皮肤黝黑、性格活泼、憨厚实诚的领导，他跟队员们讲了金谷寺的神秘传说，畅聊对保安镇的设想，还张罗着改善服务队的食宿条件。从他的热情招待和细致组织中，队员们深切感受到了当地群众对于脱贫致富的殷切期望。

　　面对党员先锋服务队18张稚气未脱的脸，带队的任绍斌老师本来心里有些不安，但到了保安镇看到，队员们已主动拟好较为完备的调研及工作方案，做好了现场工作的大部分准备，他顿感欣慰。

『扬帆起航』

　　起初，镇上干部对规划为何物并不太清楚。在任绍斌老师和周雅琦老师介绍之后，他们明白了规划的意义，也纷纷发表自己关于镇里建设的想法。

　　原来，这个有些荒凉的小镇原本是湖北省的重镇，清代之前一直发展良好，但之后在现代化建设的过程中，由于原来的河道水系迁移，对外交通阻塞，千年古镇逐渐失去了往日的光彩。所以党员先锋服务队此行任重而道远。

　　党员先锋服务队的任务分为调研和规划两部分，每部分都仅安排了三天左右的时间。为了确保效率，队员们每晚都要开会汇报当天的进度及遇到的困难，以便大家了解整体进展，同时在问题出现的第一时间去调整方法、解决问题、推进进度。

　　很快，队员们便遇到了正式开展工作的首要难题：当地政府告知没有相应的基础资料。这就好比盖房子没有砖头，没有基础资料怎么做规划呢？就连指导老师都有些犯愁，因为没有基础资料的话，很多工作都无法开展，会严重影响工作计划。

　　尽管如此，队员的热情丝毫不减，大家都认定没有条件创造条件也要上，没有基础资料就自己创造基础资料。经过商议，队员们决定实地收集整理基础资料，没有现状地形资料便实地踏勘绘制，没有相关数据便走访各个部门和机构收集数据（见图3至图5）。队员们还查阅了上位规划和与保安镇情况类似的乡镇的资料，以便为规划提供参考。

● 图 3　保安镇现场调研

● 图 4　任绍斌老师指导队员方案　　● 图 5　保安镇柯青松书记与任绍斌老师交流方案

一切都在有条不紊地进行着，任务谋划之全面、落实之细致，令任绍斌老师不禁感叹："这批学生精英并非只会纸上谈兵，从课堂走进田野亦毫不逊色。"

『用脚步丈量保安镇』

在调研中，服务队队员分为部门调研、现场地块踩点及调研新农村规划现场三个组。

调研范围位于山区，村与村之间距离远，调研时间长、难度大，且调研程度深，直接深入村湾居民点；规划设计阶段要考虑山地规划，专业性强、地形复杂、设计难度大。

在没有任何相关资料和调研工具的情况下，要完成整个镇区现状的绘制，似乎是一件不可能的事。为了完成任务，队员们在前一天熬夜工作后依然坚持早起，简单的早餐后便开始艰辛的徒步走访调研工作。

正值七月下旬，烈日当头，酷暑难耐，由于经费限制，每名队员只配发了一顶草帽。队员们没有车，只能徒步走访各个村子，大家一边汗如雨下，一边一丝不苟地工作。队员石丹突然中暑，所幸队里备有应急的药品，石丹稍事休息后仍希望继续调研，在大家的极力劝阻下才回到旅馆做资料整理工作。

服务队的队员们就这样顶着烈日走访了80％以上的镇域。从镇区到郊区，从田间到山林，都留下了队员们的足迹。为了听取群众的意见和建议，服务队还进行了实地访谈和问卷调查。保安镇几乎每个部门的工作人员，以及大部分的镇民都知道了这里有一群热情的服务队队员在不畏艰辛地工作着。

令人振奋的是，有一天，华中科技大学团委副书记陈钢、副书记陈扬两人来到了保安镇，慰问在这里工作的队员们。在他们的鼓舞下，大家的疲惫一扫而光。

陈钢老师发现队员们生活条件过于艰苦，就与当地政府和部门积极联系。多方协调下，队员们住进了住宿条件较好的"保安九号"，也有了属

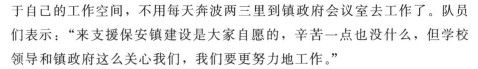

于自己的工作空间，不用每天奔波两三里到镇政府会议室去工作了。队员们表示："来支援保安镇建设是大家自愿的，辛苦一点也没什么，但学校领导和镇政府这么关心我们，我们要更努力地工作。"

在队员们的共同努力下，服务队提前一天完成了调研任务，进入了基础资料汇编和专题整理阶段，整个服务队的工作取得了突破性的进展。

中国建筑设计研究院高级建筑师张瑾时常回忆起 2010 年赴大冶市保安镇的实践经历，认为这不仅是其求学期间的难得体验，也是一名建筑学人逐步走向成熟建筑师的重要起点。这段历程虽然条件艰苦，基础资料匮乏，却是一段难得的跨学科合作、基于田野调查和村民访谈、真切以使用者需求为导向的设计服务。张瑾说："我们当中的许多成员，如今已经成为规划或建筑设计行业的中坚力量，而这段用所学的专业知识服务社会、服务群众的初心，就源自在保安镇并肩奋斗的那个夏天。"

『文能手绘图纸，武能勇斗鳄鱼』

24 日开始，大家进入了紧张的设计阶段。

队员王铂俊回忆道："那时，我们画 1∶2500'现状土地利用图'。图纸太大摊在地上，两三人描边、一众人用马克笔填色，辅以设计初步课学到的仿宋字技法，就这样'拼'出对当地的理解。"（见图 6）

其间发生了一件惊险的事。离服务队住所不远的地方有一个鳄鱼池，里边养了三条鳄鱼。雨天路滑，副队长许龙在为大家拿资料的途中不慎落入鳄鱼池。千钧一发之际，几名队员不顾危险，下水奋力相救，终于使其脱险。之后，在服务队里，队员们勇斗鳄鱼的故事便传为佳话。许龙说："当时我害怕极了，感觉下一秒就要命丧鳄鱼之口。队员们跳下来救我时，我感动得快哭出来了。"

短短的三天时间里，大家夜以继日地随时聚集讨论，随时修改方案，随时画图。镇政府的工作人员也为大家提供了周到的后勤保障，并时常参与大家的方案讨论。

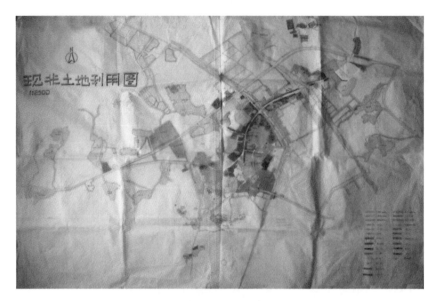

● 图 6　队员手绘的大冶市保安镇现状土地利用图

　　最终，队员们完成了 51 个村的入村调研，绘制了 100 余张村湾居民点现状图、400 余张规划设计图及 30 余万字的设计说明书和文本，编制完成了《大冶市保安镇总体规划 2010—2030 年》的初步方案（见图 7 至图 10）。

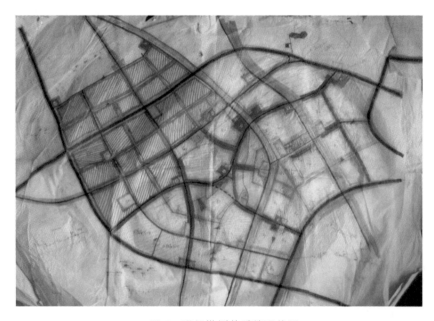

● 图 7　现场勘测的手绘现状图

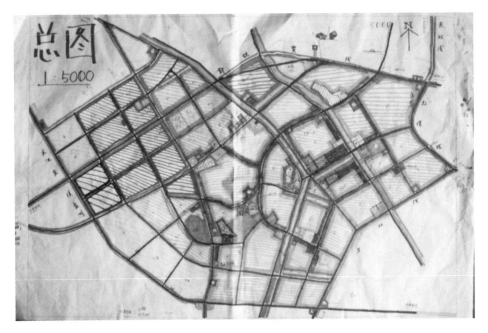

● 图 8　第一轮方案

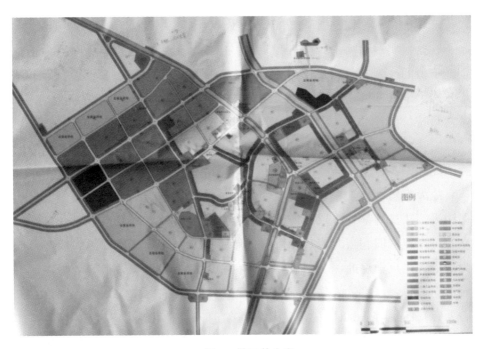

● 图 9　第二轮方案

C 公共服务 80.16ha 14.47%
   设施用地
M 工业用地 130.31ha 23.52%
R 居住用地 220.35ha 36.74%
G 绿   地 42.36ha 7.65%
总 用 地 553.81ha 100%

● 图 10 第三轮方案

在这次实践活动中，队员张晓第一次体会到用自己的专业知识为社会创造价值的成就感，以及作为党员为人民服务的幸福感。多年后，她远赴墨尔本大学就读博士研究生，仍然清晰地记得当时的喜悦："回忆起来，虽然艰苦，但是快乐。这在我看来，是学生时代最珍贵的成果和回忆之一。它让我在后来踏入社会以后，拥有坚韧不拔的品格和快乐工作的能力。因此，我对它充满感激。"

令大家感动的是，任绍斌老师总是与队员们一起工作到深夜。汇报的前一天，队员们都专心致志地工作着。凌晨3时，周围都寂静了，只有工作室讨论声依旧。当时流着鼻血却依然坚持工作的队员单卓然如今已经成为华中大建规学院的一名副研究员，在QQ相册翻到和周雅琦老师在镇政府"立党为公、执政为民"前的合照时，他感慨道："学以致用的初心、心无旁骛的纯粹，加上一群有感情基础的人，是我们没有包袱、连续作战，也能笑声不断的'秘诀'。永远怀念、感恩10多年前那个夏天的大冶保安党员先锋服务队。"

27 日上午，服务队的队员们向保安镇政府成员进行了方案设计成果的第一次汇报（见图 11）。

● 图 11　服务队队员汇报保安镇规划成果

镇上的领导们听得很认真，也对很多问题提出了不同的看法，为大家的下一步工作提供了宝贵的思路和建议。许多科室也针对自身相关方向对规划方案和建筑方案提出了建议和意见，队员们有针对性地进行了现场解答，并将存在的问题记录下来，准备在返校后的下一阶段工作中解决。

27 日下午，为期一周的党员先锋服务队现场工作完成，党员先锋服务队要返校了。临走前保安镇的党委书记、镇长、各科室主任都来送行，表达了对队员们的谢意，与大家依依惜别。

队员们后期针对规划设计方案进行了多轮跟踪和探讨，完成了保安镇总体规划修编和三个示范村规划的后续工作，切实将服务做细致、落实到位。2010 年的秋天，服务队将多轮修改后的规划方案转交给了保安镇政府。

如今已留校任教的韩梦涛回忆起那个夏天，仍然激动不已："作为服务队的成员，当年我还是建筑学本科初出茅庐的小伙子。但是大家轮番上阵、不眠不休的工作热情让我下定决心要做人民的建筑师。现在我也成为带领同学们深入田间地头做社会大实践的指导老师，建规人的这种精神我将继续传递下去！"

『成果颇丰』

此次社会实践在保安镇树立了华中科技大学"明德厚学 求是创新"的良好形象，也充分体现了华中科技大学的学生不畏艰苦、真做实干、开拓创新的精神风貌。保安镇政府赠送了华中大建规学院一些文件及纪念册以表诚挚谢意（见图 12）。服务队的事迹也被《湖北日报》、华中大新闻网、学工在线等多家媒体竞相报道，引起了良好的社会反响（见图 13 和图 14）。

● 图 12 保安镇政府赠送文件及纪念册以表诚挚谢意

图 13　华中大新闻网报道

图 14　建筑与城市规划学院院网报道

至此，华中科技大学赴大冶市保安镇党员先锋服务队圆满完成了任务，体现了当代大学生良好的精神风貌和社会责任感，创造了不菲的社会经济价值，产生了良好的社会反响。

2010 年赴湖北省大冶市保安镇党员先锋服务队名单

指导老师：

任绍斌　华中科技大学建筑与城市规划学院副教授

詹　健　华中科技大学建筑与城市规划学院党总支副书记

李　磊　华中科技大学建筑与城市规划学院学工组组长

王小月　华中科技大学建筑与城市规划学院辅导员

周雅琦　华中科技大学建筑与城市规划学院辅导员

学生队员：

单卓然　华中科技大学建筑与城市规划学院 2006 级本科生、
　　　　2011 级硕士生、2013 级博士生

王铂俊　华中科技大学建筑与城市规划学院 2006 级本科生、
　　　　2011 级硕士生

韩梦涛　华中科技大学建筑与城市规划学院 2005 级本科生、
　　　　2010 级硕士生

周　敏　华中科技大学建筑与城市规划学院 2007 级本科生、
　　　　2012 级博士生

许　龙　华中科技大学建筑与城市规划学院 2006 级本科生

张　晓　华中科技大学建筑与城市规划学院 2006 级本科生

庞惠冉　华中科技大学建筑与城市规划学院 2006 级本科生

王　莹　华中科技大学建筑与城市规划学院 2006 级本科生、
　　　　2011 级硕士生

石　丹　华中科技大学建筑与城市规划学院 2006 级本科生、
　　　　2011 级硕士生

张衔春　华中科技大学建筑与城市规划学院 2006 级本科生

吴成鹏　华中科技大学建筑与城市规划学院 2006 级本科生，
　　　　2011 级硕士生

刘尚禹　华中科技大学建筑与城市规划学院 2006 级本科生

严山艾　华中科技大学建筑与城市规划学院 2006 级本科生、
　　　　2011 级硕士生

张　瑾　华中科技大学建筑与城市规划学院 2006 级本科生

黄　颖　华中科技大学建筑与城市规划学院 2006 级本科生

杨　茜　华中科技大学建筑与城市规划学院 2006 级本科生

张璞玉　华中科技大学建筑与城市规划学院 2007 级本科生

薛晓娜　华中科技大学建筑与城市规划学院 2007 级本科生

用双脚走出一幅"村情地图"

| | | | | | | | | | | | |

　　许多人的梦想是走出农村,但有一群大学生,逆着涌向城市的人流,总想回到乡村、改变乡村。2011年暑假期间,党员先锋服务队队员们从舒适的校园走向大别山南麓的农村,为观察农村、规划兴村提供专业视角(见图1)。他们穿行于山峦村路,访民情、写报告、做规划,用双脚走出一幅"村情地图"。他们表示:"乡村是中国的本底,乡土文化是中国文化的根脉,以前人们总说要走出农村,现在我们要回去改变农村!"村民们

● 图1　2011年党员先锋服务队合影

在田间地头感叹道:"这才是真正能够吃苦的大学生,你们是祖国的未来!"镇长收到队员们递交的最终成果时,激动地说道:"在这么短的时间里就能融入群众,完成如此翔实的调研报告,提出真知灼见,你们是奋发有为的青年!"这些声音不仅是对党员先锋服务队圆满完成此次实践活动的祝贺,亦是对党员先锋服务队脚踏实地、服务乡村的高度认可与由衷感激!

2011 年 7 月,为做好新形势下青少年的民族团结教育,贯彻落实"青少年民族团结交流万人计划",团中央决定举办"全国少数民族大学生社会实践与社会观察活动"。2011 年 7 月 21 日至 7 月 30 日,在学院团委书记周雅琦老师的带领下,华中科技大学建筑与城市规划学院(以下简称华中大建规学院)城乡规划专业 9 名本科生与西南民族大学 8 名少数民族本科生(藏、羌、回、满、土家族等)及石河子大学 1 名维吾尔族学生共同组建了社会实践与观察活动第三分团暨"划成天下,情系中华"党员先锋服务队,这是一支兼具专业优势与民族特色的实践队伍。带着利用所知所学在广阔农村放飞青春梦想、展现民族团结与青年担当的期冀,队员们奔赴孝感市孝昌县王店镇塘李村、何砦村、壕沟村、八里村,弘扬华中大建规学院学子的优良服务传统,深入基层,以实际行动纪念建党 90 周年和辛亥革命 100 周年,响应习总书记"让青春在实践中闪耀"的号召。

『以青春之名,用实践之桨扬帆起航』

在赴孝昌县之前,主攻新农村建设方向的刘法堂老师以自己做过的新农村建设项目为例,举办了一场深入浅出的社会主义新农村建设规划讲座,指导队员如何将平时学到的专业知识应用到这次实践中,为乡村建设做出贡献。学生工作组组长李磊、团委书记周雅琦鼓励大家要克服困难,在实践中体会大学生该如何为乡村做出贡献。

7 月 18 日,全国少数民族大学生社会实践和社会观察活动暨湖北省百万大学生暑期"三下乡"社会实践活动启动仪式在中南民族大学举行。朱厚伦书记鼓励党员先锋们"身"入基层,"心"入群众,把握难得的学习机会，在实践中增长知识本领，为促进民族团结、服务科学发展做出应有的贡献。队员们还共同观看了电影《建党伟业》，并开展素质拓展活动，以促进团队合作。

城乡规划专业大四本科生周敏勇挑重担，担任此次活动的队长。出发前夜，她与8名本科生根据实践地的具体情况，结合专业特长，连夜制定了"访民情、做规划、增本领、促和谐"的"实践纲领"。7月21日清晨，党员先锋服务队正式踏上社会实践的征程，驱车四小时抵达孝昌县王店镇。没有片刻休息，队员们立即参与座谈会，了解镇情。会议最后，镇领导提醒队员们目前旱情严重，条件更为艰苦。

『同吃同住，扎根乡村，以实干换信任』

抵达王河村后，队员们立即前往村委会，了解村子各方面情况，并开会讨论之后每日的行程安排与工作任务。会议结束时天已经黑透。村长一家热情地招待了队员们，大家围坐着聊天。说到这酷暑时节，村长便沉默了，面色沉重。原来今年的旱情让许多村民家的稻田受灾。夜晚队员们住在村民家中，热得睡不着，大家一个劲儿地用摇扇扇风，趁着有点凉意赶紧入睡，半夜不时热醒，还被蚊子叮咬，瘙痒难耐。同时，队伍中来自不同民族的同学在生活习惯、饮食风俗等方面存在差异。队长周敏针对维吾尔族同学古丽在饮食习惯上的特点，特意去镇上购置了餐具，每日为她"开小灶"，只为珍惜这份难得的民族情谊。

与村民同吃同住的这段日子，队员们得以零距离地观察乡亲们的生活。当队员们看到村民们缺少医疗设施，只能把吊瓶挂在树枝上时，当队员们走进贫困户空荡低矮的土房子，看到各种艰难的情况时，当队员们在村里找不到一处像样的休闲场所，孩子们只能在坎坷的田埂上奔跑玩耍时，他们满怀感触："当故事就发生在自己身边时，所带来的触动才是发人深省、直击人心的。"队员们积极与村民交流，不怕吃苦、踏实稳定的态度感染了村民，大家都说这支队伍不是来作秀的，而是真心实意来做实事的！

『访田间地头，用双脚走出"乡村地图"』

为真正做到遍访民情，为促进和谐农村建设提供第一手资料，队员们顶着近40℃的高温，穿梭在田间地头，游走于山峦巷间，挨家挨户进行走访。由于恶劣的天气、简陋的实践条件、长时间的调研走访，有的队员中暑晕倒，有的被蜈蚣咬伤，但他们不曾退缩，而是将热情挥洒在这片土地上，用心观察、用心思考、学以致用（见图2至图5）。八里村71岁的老人何如谋含着泪拉着队员的手说："娃们，好好地做啊！"越深入基层，越倾听民声，队员们就越感肩上责任之重大。"一下子觉得调研时的烈日不烤人了，在村里留下自己的足迹，和老人、小孩们在一起交流是件很幸福的事情。"一方热土，一群先锋，一句句殷切嘱托，一段段深刻记忆，队员们深入实践，感受乡村的脉搏，在社会责任感中把握个人的成长。

● 图2　服务队与村民访谈照片

● 图3　队员为受伤的队友抹药

● 图4　因干旱而龟裂的土地

● 图5　服务队在田间留下足迹

『实地调研寻症结，美丽乡村入画来』

　　服务队在实践过程中，走访农户 100 余户，慰问了 20 余户贫困户，入户访问村民 120 余户，发放调查问卷 108 份，回收有效问卷 108 份。经整理和总结，服务队从经济来源、收入水平、农作物类型及收成、打工目的地和工种、受教育程度、留守儿童、老人和妇女数量、村民活动中心使用情况、抗旱期间农田水利设施的使用情况等方面进行了系统研究和分析，最终总结提炼出"农田水利与抗旱保收问题""留守儿童的教育问题""农村基础医疗问题"三个亟待解决的问题。以"农村基础医疗问题"为例，在参观八里村卫生所时，队员们发现这里的卫生所只有 20 平方米左右，房间里没有床，室内卫生条件不好，人们坐在自己家的板凳打点滴，注射室没有良好的消毒设施，甚至没有一个整洁的操作台，可这却是周围十村最大的卫生所（见图 6 和图 7）。队员们整理调研内容后，与当地政府相关部门进行了交流探讨，多方交流共谋出路（见图 8 和图 9）。

● 图 6　卫生所外拍摄照片　　　　　● 图 7　卫生所内拍摄照片

　　了解村庄目前发展面临的症结后，队员们开始利用专业所学，共同探讨如何低成本、高效率地解决目前村庄的难题，将村民的需求落在空间规划上，共同打造乡村美好蓝图，并分别制定了近期和远期行动规划（见图 10）。

● 图 8　队员们整理调研数据　　　　● 图 9　队员和地方相关部门座谈

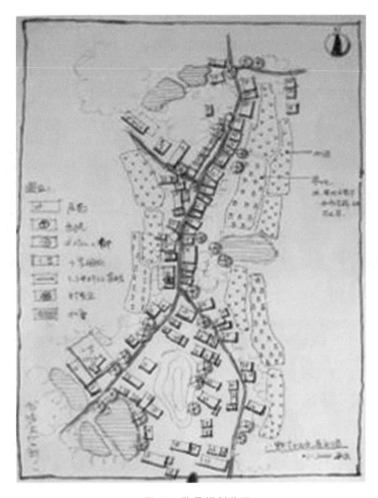

● 图 10　队员规划草图

『童心飞扬释活力，与爱同行心更近』

　　行走于山峦巷间的日子里，村里的孩子对队员们是充满好奇的。当队员们在烈日下调研时，总是有孩子远远地跟在后面，或是在家门口呆呆望着队员们远去的身影。队员们渐渐地关注到这群孩子们。他们像是"被遗忘的花朵"，村里几乎没有专门给他们玩耍的安全适宜的空间，也没有多少娱乐活动。他们虽然喜欢跟在身后，但并不爱说话，许多好奇、困惑、委屈都不会直接表达出来。于是队员们开始策划一场针对孩子的素质拓展活动，想带给这群孩子一段快乐的时光。那天阳光明媚，暖风和煦，村里30余名孩子参加了活动，大家一起唱歌、游戏，汗流浃背，却异常欢乐，引来了许多村民驻足观看（见图11至图14）。虽然孩

● 图 11　素质拓展活动

● 图 12　"民族大拼盘"合影

● 图 13　游戏时孩子们纯真的笑容

● 图 14　队员和孩子一起做游戏

子们还是不会表达很多，可他们的笑容和眼神是最真挚、最打动人的，也是最能给人力量的。感受到孩子们的信任，队员们更加有动力，希望通过自己的调研与设计，让孩子们一直保持纯真的笑容，在乡村振兴的沃土上健康成长。

『文艺下乡民同乐，争做团结"石榴籽"』

离开的日子越来越近，队员们对这片土地、这里的人们已经充满感情。来自多民族的队员们想通过一场文艺汇演向这里勤劳淳朴的人们表达感谢。尽管大家并不擅长表演，但所有人都积极地参与节目的筹备工作（见图15）。戏曲、民族服装展示、新疆舞、民族歌曲等多种节目轮番上场，虽然舞台简陋、服装简单，但现场气氛热烈，观众掌声如潮（见图16和图17）。队员们已经完全融入了这里，并不担心自己表演得不好会"出洋相"，只希望能丰富村民的生活，留下青春的活力与快乐的记忆，让民族团结进步之花在这里绽放，让大家像石榴籽一样团结在一起。

● 图15　文艺汇演筹备

● 图16　文艺汇演现场之一

● 图17　文艺汇演现场之二

『并肩作战二十日，民族情谊难割舍』

2011 年 8 月，结束了 20 天的乡村实践后，服务队全体成员赴武汉参加"全国少数民族大学生社会实践与社会观察活动"闭幕仪式。队长周敏作为优秀代表为团队做总结发言（见图 18）。

她在总结中提到："3 所大学，10 个民族，18 名队员，在孝昌的日子里，我们共走访了王店镇 4 个村 100 余户农户，重点慰问了 20 余户贫困户，徒步行走约 10 公里。从陌生到相识到彼此的并肩作战，是民族情谊将我们紧紧维系在一起。民族情，奏响青春之歌；中华魂，开启友谊之门。王店镇，将是我们一生的记忆。第三分团，将是我们彼此永远的战友。"服务队成员依依不舍地告别，并将这份民族情谊永藏心中。

此次实践活动一方面让队员们充分感受到了祖国多民族文化的魅力，意识到了维护民族团结的重要性，强化了民族责任与担当，让他们立志为实现中华民族伟大复兴贡献青春力量；另一方面让队员们深刻感受到了祖国乡村的魅力，更坚定地用专业所学服务乡村，立志积极投身国家乡村振兴伟大事业。

● 图 18　团队报告现场

2011 年赴孝感市孝昌县王店镇党员先锋服务队名单

指导老师：

周雅琦　华中科技大学建筑与城市规划学院辅导员

学生队员（仅列华中科技大学队员）：

周　敏　华中科技大学建筑与城市规划学院 2007 级本科生

李晨晨　华中科技大学建筑与城市规划学院 2007 级本科生

帅　玥　华中科技大学建筑与城市规划学院 2008 级本科生

范田天　华中科技大学建筑与城市规划学院 2008 级本科生

姚怡婷　华中科技大学建筑与城市规划学院 2009 级本科生

王开来　华中科技大学建筑与城市规划学院 2009 级本科生

方　晟　华中科技大学建筑与城市规划学院 2009 级本科生

郑加伟　华中科技大学建筑与城市规划学院 2010 级本科生

张学文　华中科技大学建筑与城市规划学院 2010 级本科生

奔赴程河镇，敢教"旧貌"换"新颜"！

| | | | | | | | | | | | | |

　　"2012 年暑期，我有幸作为一名专业指导教师，带队深入程河镇现场，历时二十余日，指导完成了《襄阳市襄州区程河镇总体规划（2012—2030 年）》的初步方案成果。2022 年暑期，我借学术考察之机再次来到程河镇。昔日程河镇的几位主要领导现已履新，离开了程河，但此次皆陪同我回到程河。交流过程中，我们再次聊起了十年前的那段经历，几位领导多次重复和真诚表露的两句话——'华科大的学生真能吃苦''你们编的规划太有用了'——令我再次回忆起那段艰苦、高效而快乐的时光。"随着任绍斌老师的记忆，多年前那个知了声遍野、绿色庄稼满地的程河仿佛又浮现在了眼前……

　　"一脚踏两省，鸡鸣闻四县"的程河镇位于鄂豫两省四县交界处，也是享誉海内外的柳编之乡。如今，在这座小镇上，新修的宽阔通畅的省道连接南北、贯穿鄂豫；一栋栋新建的楼房、一片片新农村和新社区拔地而起；青青的麦苗、金黄的菜花，构成一幅幅美丽的田园风光画；一个个柳编制品、一排排蔬菜大棚、一座座正在施工的厂房，正在展示着蓬勃的生机……程河镇的面貌焕然一新的背后，有过一群热心奉献的师生，他们在这片土地上忙碌了几十个日日夜夜，留下了程河镇未来的规划。

『专业水平加持，华中大服务队脱颖而出』

　　程河镇从未做过总体规划，这直接影响了其城镇的发展。当时，我国已经进入了建设社会主义新农村的崭新阶段，各级党政领导带领广大群众掀起了建设社会主义新农村的热潮。程河镇希望得到高校的专业技术支持和帮助，进行一次专业的镇区规划，为程河镇规划未来发展的美好蓝图，发展当地经济，加速乡镇建设。在对各个高校社会实践队伍进行深入对比和筛选之后，程河镇领导选择了有着优秀师资力量和扎实专业功底的华中大建规学院党员先锋服务队。

身为规划人，党员先锋服务队的师生时刻关注着新农村规划的进程与发展，认真学习专业知识，广泛阅读与新农村规划相关的书籍资料，汲取理论知识和经验教训，随时准备用自己的专业知识和满腔热忱为新农村建设事业贡献自己的力量。得知地方有需要，学院上下涌起投身新农村规划的实践活动热潮，同学们十分期盼能有机会为新农村建设做出贡献。

"我们充分相信你们的水平！"镇长如是说。经过层层选拔，2012 年党员先锋服务队由何立群、任绍斌、李义纯担任指导老师，陈需担任队长，由宁暕、张瑜、黄博、陈建滨、徐钰清、侯杰、朱鹏程、李程远、肖路、罗静茹、陈恺丽、黄雅琨、袁敏航、沈潇、方晟、周子荷、王莹 17 位队员组成。6 月份，服务队与程河镇取得了联系，响应地方需求，形成了服务目标：在暑期将对程河镇进行勘探并完成其 2012—2030 年的总体规划。在进行了一番准备工作之后，队员们踏上了此次规划之旅。

『"华中大的学生真能吃苦！"』

程河镇社会经济发展水平及城镇建设水平较为落后。虽说是一个镇，却没有大型超市和商业街，稍繁华一点的就是一条有着几家一层临街商铺的街道。

队员们到达后，镇长和书记非常热情地招待大家，将他们的住宿安排在一家百货商场三楼的宾馆。这是镇区上最大、最好的宾馆，也是唯一有空调和独立卫浴的宾馆，但这家宾馆有且仅有六个房间，队员们只能在两人间里加两张弹簧床挤成四人间，每天工作回来洗澡还要排队。

房间的屋顶上停满了飞蛾，队员们有时早上醒来会发现自己身下有几只死去的飞蛾，大家开玩笑说，平日里在学校里总是吐槽宿舍，如今看来学校条件已经相当好了。地方领导看到队员们如此辛苦，数次提议安排他们到襄阳城区距离镇上更远、条件较好的宾馆住宿，但为了便于现场调研、工作和交流，队员们婉言谢绝了。这样的村镇在中国还有许多，村镇里百姓的生活依然不富裕，队员们认为自己要运用知识与技能，为这样的村镇发展做出贡献，在这样的调研规划过程中，不可贪图享受，更不能为当地的政府增添负担。

在服务队与当地政府的第一次会议上，队员们根据实际情况对本次服务活动进行了分工及时间安排。队员们的建议是先划分功能区，再因地制宜在功能区内突出产业职能，分实地调研和规划设计两部分开展本次服务（见图1）。

● 图1　程河镇会议

『两天时间，走遍29个村落』

本次党员先锋服务队的规划范围为程河镇镇域。程河镇29个自然村从自然条件到经济基础，以及产业人口分布各个方面都有着相当大的差异。为了圆满地完成所有村的调研任务，做好统筹安排，带队老师和队员们认真分析村庄的基本资料和当地的年鉴报告，积极讨论，基本捋清了各村大体情况。

对于队员们来说，要在两天内完成29个村的所有调研和勘测工作，任务相当艰巨。各个村之间的距离很远，这给服务队的人员调度造成了很大的困难。于是，在调研中，服务队队员分成了六组。队员们要了解村庄的基本信息、道路状况、基础设施配套以及村庄特色产业等，以利于将来的整体规划。

当队员们兴致勃勃地到乡村，准备大干一场的时候，却发现当地的村民们甚至村支书都无法肯定地指出各个居民点在村域地图中的具体位置，更别说基础设施的布置走向了。队员们决定自己调研！他们走遍了村子的所有区域，把需要规划的 29 个村子里所有的居民点悉数绘制在图纸上，对矿产区等特殊地域也进行了标记，详细记录了居民点的现状地形、产业分布、建筑房屋等信息。

在此过程中，为了避免遗漏数据和信息，队员们全程徒步，记录每一段路程的长度，标记每一个设施的位置，其中包括每一栋居民住房、每一根电线杆、每一条河流、每一块农田、每一个变压器、每一个取水点、每一个垃圾处理站，以及每一个卫生所。为了保证规划的可操作性和成图数据的真实性，队员们还用 5 米长的皮尺一段一段地测量道路的长度和宽度、房屋的占地尺寸、基础设施的间隔距离。

正值七月下旬，烈日当头，酷暑难耐，队员们在太阳底下来回奔波，几天下来大家都晒黑了，有的队员甚至胳膊都晒爆了皮。队长陈霈说："队员们没有想过休息，累了的时候看到同伴们仍在坚持、看到当地人淳朴喜悦的笑脸，就觉得干劲十足。"做规划的基础在于调研，只有详细的调研数据才能为好的规划提供依据。队员们这次冒着酷暑干活儿，虽然辛苦，但想到踏实地把规划工作做好，才能为程河镇的未来发展出一分力，也觉得值了。

为了了解人们对于规划的意见和建议，队员们还进行了实地访谈和问卷调查，他们去了每个村的村委会，得到了当地村支书及村干部们热情的接待。村民们也很淳朴，非常欢迎队员们的到来，当队员们自我介绍说是华中大建规学院的学生来本地进行规划调研时，当地的人们对队员们都很关心且尊敬。由于当地部门和人们的高度配合，以及镇政府领导给予的大力支持，队员们的调研工作进行得非常顺利（见图 2）。

● 图 2　向当地村干部了解情况

调研的过程中，队员们发现部分村子除了建有基本的医疗站、健身器材之外，还建了许多配套服务设施。有的村委会设立了农家书屋，为村民提供了阅读的场所，队员们看到一些孩子正在这里读书。

这几个村庄当中，乔庄村最有特色。这个村子大力推广大棚蔬菜种植业，村民们培育的大棚蔬菜还被运到外省销售。乔庄村还养殖东亚飞蝗，并将其作为特色菜品招待八方来客。通过走访村庄，队员们基本掌握了各村的情况及特色。

队员们在程河镇一遍遍地走，带着任务，也带着好奇心与新鲜感，穿行在大街小巷犄角旮旯，仿佛是一场探险。有一次，队员们误入村民庄稼，正讨论着地里种的玉米面积有多大，什么时候能有收成，突然几只恶犬径直冲来，吓得队员们拔腿就跑，队员们慌不择路，从小溪直接趟过去，才算"逃出生天"。大家累得东倒西歪、瘫坐在地，笑着调侃："做规划不仅要脑力好，体力更要好！"

数天时间里，在调研范围广、精度要求高、人手捉襟见肘的现实面前，队员们的工作强度非常大。每天队员们 5 时起床，简单吃过早饭之后就开始一天的"旅行"。平均每天徒步 20 千米，直到晚上 7 时过后，天色将暗，队员们才收工。在此期间，除了午饭前后 1 小时不到的休息时间外，队员们每天的徒步时间长达 10 小时。

但是，收工并不意味着休息。回到宾馆，队员们将图纸一张张铺在床上、地上，进行资料的分析和整理工作，接近凌晨 2 时方能睡觉。

调研期间，天天如此，但是大家都没有放弃。最后当队员们整理行装要离开时才赫然发现，在短短的 2 天调研时间内，他们绘制的图纸居然满满地装了 4 箱！这是在平时无论如何也无法想象的。在队员们的努力下，大家一鼓作气，提前半天完成了调研工作，进入基础资料汇编和专题整理阶段，使整个服务队的工作更加高效。

『解决重重困难，"二十岁的今天将是我新的开始！"』

经过几天在外的走访、勘察，大家都变得黑瘦了些，不过没人叫苦叫累。虽然身体上非常疲劳，但是每一位队员的眼中都有光，大家迫切地希望将规划尽快完成，给村民们一个交代。现场调研和现状整理结束了，接下来的几天时间就是紧张的规划工作。事实上，队员们只有四天的时间完成程河镇镇域村镇体系规划和重点地段详细规划的初步方案，预计要制图四十余张，编辑文字十万余。

繁重的工作量没有把队员们吓倒，他们将第一阶段的现场踏勘成果与卫星图结合起来，从零开始整理当地现状地形等资料。同时，几位队员跑去襄州区查阅其他上位规划和与程河镇情况类似的乡镇的资料，为程河镇的规划提供参考。

在调研规划过程中，队员们遇到了各种困难。在回到程河镇政府制作规划成果时，队员们没有足够的专业工具，比如必备的草图纸、各种尺规、草图笔等，只有队员们带来的图纸和制图工具，这大大地降低了制图的效率。有的时候电脑出现了问题，比如死机、蓝屏、开不了机，有的时候 U 盘中毒，打乱了队员们的制图节奏，甚至导致返工。此外，电脑和相关软件之间的差异，也给电脑制图增添了不小的麻烦。为了解决这些难题，提高工作效率，服务队专门安排了负责电脑问题排查的队员，将电脑及相关专业软件调整到最好的状态。对于制图工具不足的问题，队员们不辞劳苦地用最笨也是最保险的人工方法，将每一份图画到最精确最清晰，甚至有一个村用了 20 多张手绘图纸，决不因制图工具的不方便而影响成果质量（见图 3）。

即使工作节奏如此紧张，队员们仍是快乐的。每天，李义纯老师在给予队员们规划指导的同时，考虑到队员们的辛苦，还会买来各种水果、饮料或零食，给队员们解暑充饥。几天的时间，队员们熟悉了这里的田地和风貌，熟悉了这里的风土和人情，熟悉了这里的特色早餐——襄阳牛肉面，熟悉了这里的工作人员和许多热情的村民。

最为惊喜的是，调研规划过程中正好有一天是队员张瑜的生日。李义纯老师在镇上订好了蛋糕，镇主要领导及服务队所有师生共聚镇政府会议室，为她点燃了二十岁生日的蜡烛。虽然由于时间和条件的限制，只有一个蛋糕、一首生日歌，但是"小寿星"高兴地许下了愿望，在全体队员的欢声笑语中，度过了这次难忘的生日（见图 4）。张瑜百感交集、慷慨激昂地说："二十天的实践淬炼出崭新的自我，二十岁的今天将是我新的开始。"这样一次意义非凡的生日，也给队员们紧张忙碌的规划生活增添了不一样的快乐。

● 图 3 队员们在认真地规划

● 图 4 为队员庆祝生日

『夜以继日，完成四十余张规划图及万余字规划报告』

在指导老师和队员们的不懈努力下，《襄阳市襄州区程河镇总体规划（2012—2030 年）》最终完成，该规划共计 40 余张图纸，有万字规划说明书、文本及基础资料汇编。它包括镇域和镇区两部分，内容涵盖用地、交通、居住、市政、工业、仓储、电力、电信、环保、绿地水系系统等，还涉及重点地段及商业一条街的详细规划设计（见图5）。

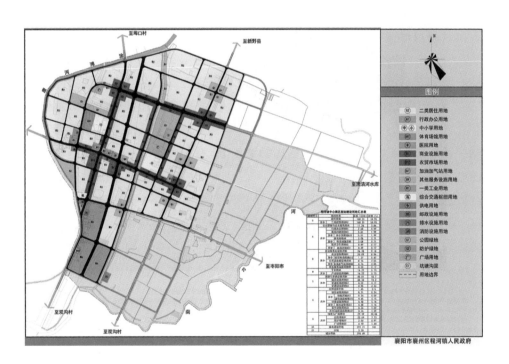

● 图 5　程河镇土地利用规划图

在最终的汇报中，程河镇党委书记李建国及其他相关部门负责人对队员们的规划成果给予了很高的评价，并提出了进一步的修改意见，使之更加符合程河镇实情，更具科学性和可实施性。服务队的最终成果也得到了镇长的高度评价。为此，老师和队员们欣慰地笑了，他们没有辜负对程河镇规划建设的承诺！

本次社会实践的事迹也被襄阳市襄州区政府网站报道，同时，华中科技大学醉晚亭、华中科技大学校网、学工在线等多家媒体也对此进行了报道，引起了良好的社会反响（见图6至图10）。

图6 襄阳市襄州区政府网站报道（一）

● 图7 襄阳市襄州区政府网站报道（二）

● 图8 襄阳市襄州区政府网站报道（三）

图 9　华中科技大学校网报道

图 10　华中科技大学醉晚亭网站报道

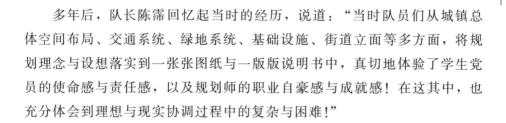

多年后，队长陈需回忆起当时的经历，说道："当时队员们从城镇总体空间布局、交通系统、绿地系统、基础设施、街道立面等多方面，将规划理念与设想落实到一张张图纸与一版版说明书中，真切地体验了学生党员的使命感与责任感，以及规划师的职业自豪感与成就感！在这其中，也充分体会到理想与现实协调过程中的复杂与困难！"

『返程大巴上的满目星空，前所未有的灿烂！』

汇报结束之后，队员们前往襄州区进行参观学习。古人有云："襄阳古道灞陵桥，诗兴与秋高。千古风流人物，一时多少雄豪。"说襄阳是一块人杰地灵的风水宝地，一点儿也不为过。它不仅有历史悠久的汉江流域，还养育出宋玉、诸葛孔明等名人英才。许多队员第一次目睹古城襄阳城区的"尊容"，皎皎明月下队员们围坐一团、许下美好祝愿：愿程河镇气象日新月异，百姓安居乐业；愿程河镇与我校交好，友谊天长地久！

带着疲惫、不舍与留恋，队员们踏上了返校的旅程。虽然程河镇不算大，队员们在这里待的时间也很短暂，但这里是队员们朝着同一个目标共同奋斗的地方，队员间的深刻友情也镌刻在每个人心底。在这里分分秒秒的时光、好客的主人、淳朴的百姓将成为队员们一生中无法复制的难忘的回忆。

镇领导与队员们依依惜别，再一次感谢队员们为全镇百姓做出的努力，紧紧地握着队员们的手，叮嘱队员们今后一定要再来看看。"我们一定会再回来的，到时候这里发展得更好，人民生活得更好，才是我们的规划成果真正被肯定的时候。"这不是一句简单的告别，而是队员们对程河镇规划建设的承诺，也是队员们在这次调研规划活动中最大的收获，更是队员们对将来、对更多人民负起责任的宣言！

在回程的路上，劳累十几天的队员们一个个睡得东倒西歪。车在山路上缓缓行驶，睡醒了的同学没有说话，他们望着窗外的景色，内心充满了希望与喜悦。二十几个人，用十几天的时间以及专业所学，为这个小镇做了最大的努力，大家内心都期盼着，将来的某一天，当队员们再回到程河镇时，能看到当时队员们日夜操劳做出的规划，一个个生根发芽落地开花，这将是队员们此行最大的意义。

当年的队员张瑜在接受采访时深情地说道："那年夏天尤其炎热，我们第一次走进这样一个淳朴的小镇，也是第一次开启规划实践生涯，这是我学生生涯中最难忘的经历，更是我党员生涯中浓墨重彩的一笔。我们顶着烈日走在田间，在偌大的会议室畅所欲言，共同憧憬着这个可爱的小镇在我们笔下被规划出光明的未来。谢谢程河，谢谢那年夏天肆意挥洒的汗水和青春！"

2012 年赴襄阳市襄州区程河镇党员先锋服务队名单

指导老师：

任绍斌　华中科技大学建筑与城市规划学院学院副教授

何立群　华中科技大学建筑与城市规划学院党委副书记

李义纯　华中科技大学建筑与城市规划学院辅导员

学生队员：

陈　霈　华中科技大学建筑与城市规划学院 2008 级本科生

宁　暕　华中科技大学建筑与城市规划学院 2008 级本科生

陈建滨　华中科技大学建筑与城市规划学院 2008 级本科生

黄　博　华中科技大学建筑与城市规划学院 2008 级本科生

张　瑜　华中科技大学建筑与城市规划学院 2008 级本科生

侯　杰　华中科技大学建筑与城市规划学院 2008 级本科生

徐钰清　华中科技大学建筑与城市规划学院 2008 级本科生

罗静茹　华中科技大学建筑与城市规划学院 2008 级本科生

陈恺丽　华中科技大学建筑与城市规划学院 2008 级本科生

肖　路　华中科技大学建筑与城市规划学院 2008 级本科生

李程远　华中科技大学建筑与城市规划学院 2008 级本科生

朱鹏程　华中科技大学建筑与城市规划学院 2008 级本科生

方　晟　华中科技大学建筑与城市规划学院 2009 级本科生

沈　潇　华中科技大学建筑与城市规划学院 2009 级本科生

袁敏航　华中科技大学建筑与城市规划学院 2009 级本科生

黄雅琨　华中科技大学建筑与城市规划学院 2009 级本科生

周子荷　华中科技大学建筑与城市规划学院 2011 级本科生

王　莹　华中科技大学建筑与城市规划学院 2011 级硕士生

40℃的夏天，滚烫的青春

| | | | | | | | | | | | | | | |

"漆黑的夜晚，昏暗的路灯，时不时货车路过时掀起的尘土，一群人坐在临着国道的旅馆门前，扇着手中的纸板儿，试图带走身上的燥热。大家聊着各自的家乡风景，聊着隔天的规划方案，聊着卫店镇的未来图景。"这是2013年华中科技大学建筑与城市规划学院（以下简称华中大建规学院）党员先锋服务队奔赴湖北孝昌县卫店镇送规划时的场景之一。

虽然时间过去已经十年，可是当年的场景历历在目。就让我们乘着夏日的凉风，怀着敬意，一起走进2013年夏天的卫店镇，走进那群人火热的青春。

『40℃的夏天， 100℃的热情』

带队的罗吉老师回忆起当年的情景，感觉党员先锋服务队的队员们彻夜奋斗的场景恍如昨日。罗老师说："记得我参加党员先锋服务队是在2013年的三伏天，天气炎热，气温近40℃，但老师和学生们都热情高涨。印象最为深刻的，莫过于队员们的专业能力和吃苦耐劳的精神。"虽然头顶烈日，但队员们满怀热忱地投入实践中，当地老百姓都称赞先锋服务队的热情似开水般滚烫。

乡镇企业的蓬勃发展，为卫店镇带来了前所未有的发展机遇。为了更好地满足经济发展需求，促进卫店镇经济、社会和环境三大效益的协调统一，进一步增强集镇载体功能，进一步促进镇区建设与管理沿着良性、健康的轨道前进，卫店镇人民政府急需编制相应规划，为城镇发展提供更为科学的指导。

应当地政府的邀请，2013年华中大建规学院党员先锋服务队赴湖北省孝感市孝昌县卫店镇，开展为期7天的"修建性详细规划"活动，圆满完成方案阶段性报告并持续跟进后续完善工作。

这支党员先锋服务队由建规学院党总支副书记何立群老师带队，城市规划系罗吉老师进行专业指导，建规学院学工组组长周雅琦老师、团委书记李挺豪老师周密筹划，选拔学院优秀的研究生和本科生，涵盖建筑、规划和景观学三个专业高年级的优秀学生党员，前往湖北省孝感市孝昌县卫店镇开展"修建性详细规划"活动，助力当地城镇建设（见图1）。

● 图1 党员先锋服务队出征合影

『现场踏勘，用脚量出来的土地』

提起城市规划，大家可能经常会听到"总规""控规"和"详规"三个概念。三者相辅相成，又各有不同。"总规"是"城市总体规划"的简称，是对一定时期的城市性质、发展目标、发展规模、土地规模、空间布局以及各项建设的综合部署和实施措施，它属于宏观规划；"控规"是"控制性详细规划"的简称，它是在总规基础上的细化，用于指导土地出让，控制土地开发强度等。"详规"是"修建性详细规划"的简称，它是在满足控规要求的前提下进行的更为细致的设计，属于城市设计的部分，用于为建筑、景观、园林和市政工程提供依据。三者是由宏观到微观、由浅到深、由粗到细、由抽象到具体、由概念到表象的过程。

没有调研就没有发言权，规划不是纸上谈兵，规划图纸也不是凭空创造。每一个规划成果，都是基于实地调研对场地现状、发展状况、产业分布等各方面要素充分了解的前提下设计出来的思想结晶。"纸上得来终觉浅，绝知此事要躬行。"要深入了解孝昌县的实际情况和面临的挑战，就必须进行实地调研。本次服务队的一大目的就是对卫店镇进行修建性详细规划，并指导住区的详细规划设计。因此，党员先锋服务队的队员们一踏上孝昌县的土地就开始了细致的田野调查（见图2）。

8月15日上午，炎炎烈日下，卫店镇党委副书记杨伟绩和卫店镇规划建设办公室负责人带领党员先锋服务队师生参观。队员们先后调研了位于107国道和京广铁路之间的两个基地。这两片总面积为1300多亩的土地上将分别展开"战备物流园规划"和"居住区规划设计"。卫店镇党委书记许红梅非常重视本次规划，对服务队的到来表示热烈的欢迎，并热情地向老师和同学们介绍卫店镇目前的规划设想。

在上位规划不完善、基地资料缺乏的情况下，队员们通过查阅资料、询问政府相关负责人、调研当地居民、多次实地调查等方式终于取得了第一手资料。之后在罗吉老师的专业指导下，同学们开始了方案的前期论证

● 图 2 　队员们到达现场进行初步现场调研

与分析工作，准确定位卫店镇在孝昌县县域范围的职能，充分整合优势条件，为卫店镇的发展提供新思路。

『停电了怎么办？点起蜡烛继续画』

在孝昌县，队员们遇到的最大的困难不是炎热的天气，而是在当时限电保生产的要求下，盛夏的夜晚经常遭遇大面积的停电。队员们白天在田野里进行现场勘探测绘，获取第一手数据，晚上要整理资料、绘制图纸，进行规划设计。停电给队员们晚上开展相关工作带来了非常大的麻烦，效率低了，进度也就慢了。停电是当时队员们面临的最大考验。

回忆起当时停电的情景，队员们都深有感触。目前正在华中大建规学院攻读博士学位的郑加伟对此次实践活动印象深刻，他感慨道："虽然当地没有长桌导致大伙只能伏地画图，虽然顶着高温还时不时遇到大停电，虽然临路嘈杂让人难以入睡，但是大家依旧很享受这不易察觉的鲜甜滋味儿。这样接地气的生活在我们眼中或许本就是一种甜，我们最喜欢的或许正是这种一砖一瓦为地区做贡献的成就感。"

孝昌县当时还是国家级贫困县，社会经济发展滞后，基础设施建设不完善，道路、水利、电力等公共设施匮乏，急需一个科学的规划来推动新型城镇化建设。这既是当年学院党员先锋服务队出行的主要动机，也是队伍面临的特殊困难。

为期一周的地方建设规划任务重、时间紧。任务重是因为基础资料缺乏成为必须解决的首要问题，队员们要通过现场踏勘，用脚步丈量，收集第一手资料；时间紧是因为时间被安排得满满当当，队员们白天进行现场调研，晚上交流方案和绘制图纸。在当时地方有限电保生产要求的特殊背景下，停电了怎么办？这也难不倒党员先锋服务队的队员们。大家从各处找来蜡烛，伴着夏天夜晚清朗的蝉鸣，在烛光下奋笔疾书，将头脑中严谨的设想、孝昌的美好蓝图画在图纸上。几天的深夜"秉烛研讨""汗滴图纸"令人记忆深刻。这次经历不仅锻炼了队员们的专业能力与实践能力，更是提升了党员应有的打硬仗的能力。

正在华中大建规学院攻读博士学位的高俊阳对此次的实践经历颇有感触。他说："2013年暑假我报名参加党员先锋服务队，并荣幸成为队伍里的一员，奔赴孝昌县卫店镇进行了为期一周的义务规划服务。十年过去了，我还清晰地记得我们当时的任务是对一块300亩大小的居住用地进行规划设计。团队成员在罗吉老师的带领下迎着烈日下的热浪奔跑在现场，经过连续两个通宵作业，我们完成了两套平行方案并进行了汇报，虽然服务时间并不是很长，但这期间的几个细节到现在依旧让我感触颇深。首先是基层党员干部的不易。这一点是让我感触最深的！孝昌县连年干旱，卫店镇尤其严重，我们团队去的时间刚好处于旱情期间，接待我们的镇长简单介绍后带着歉意对我们说，'现在全镇各个部门的干部基本上都下到各个村去抗旱了，条件有限，你们辛苦了'。我们后来了解到，镇政府各个部门在旱情期间都会对接一个村庄，吃住在村，协调组织人力物力，抗旱保苗……基层干部的责任心和使命感在那样的时刻体现得淋漓尽致！其次是基层人才资源的匮乏。人才是推动地方发展的关键要素，卫店镇的实践经历告诉我，即使在并不是深远山村的平原乡镇地区，技术资源的获取途径和机会也真的是少之又少。地方渴望人才，尊重人才，他们想要在地方各行各业中有一个带头人。"

『吃饭的圆桌成了画图的场所』

　　留给服务队的时间并不多，队员们要在一周内做出一个能够"运用"的成果。本着严谨负责的态度，在战备物流园上位规划不明确的情况下，服务队将重点放在城镇中最重要的居住功能上面。服务队在内部重新分组，力求做多个方案、提多种思路，指导老师全程跟踪，把握总体基调和进度，定期交流、评图。在这样的绘图压力下，队员们压力极大，甚至要通宵达旦，但大家一点儿也不觉得累，因为大家都知道肩上担负的是当地老百姓沉甸甸的信任。跑基地、下田埂、熟悉地形地势与自然环境、到县城参观借鉴优秀案例、了解整体建筑风格等，这些行动都充分展示了华中大建规学院学子扎实的专业能力和求真务实的态度。

　　条件有限，队员们把酒店吃饭的圆桌简单布置一下作为绘图桌，直接利用墙面进行投影、展开研讨……队员们就这样在简单的准备中开始了紧张有序的绘制图纸的工作。红色的塑料板凳与简单的绘图空间布置一起构成了当时的工作场景，也成了队员们难忘的回忆（见图3）。

● 图3　队员们利用酒店的圆桌进行绘图与研讨的场景

『乡村规划，我们是专业的』

　　队员们的规划区域多为村庄用地，也有少数规模不一的工业企业。队员们在做前期分析的时候发现，卫店镇现已完成一定规模的居住用地建设，且分布比较合理。而镇区目前主要存在的问题是部分道路红线宽度控制不够，道路断面形式单一，机非混行，不能适应现代小城镇经济迅猛发展的需要；城镇的空间景观效果和生态环境效益有待进一步提升；公共服务设施层次较低，缺乏大型公共停车场等静态交通设施，市场建设已经不能满足城镇日趋活跃的商贸发展的需要。

　　摸清卫店镇的基本情况以后，队员们便开始利用专业知识进行规划构想，以对现有建设情况进行协调、完善，为规划管理提供科学依据。队员们在充分利用卫店镇自然环境资源和区位优势的前提下，致力于提高其基础设施建设的标准和水平，完善各项功能，注重生态环境的保护，展现出人与自然和谐发展的现代化新型城镇风貌。

　　乡村规划，我们是专业的。服务队规划的第一步，就是进行土地利用规划，制定规划分区。整个规划区空间功能结构可以简单概括为"一横四纵，一核三区三组团"。规划后的城市建设用地221公顷，工业、商业、教育以及居住等用地规划合理，并对整体开发强度进行控制，保证发展的可持续性。

　　服务队还关注了公共服务设计及居住建筑规划。队员们提出，居住建筑在延续本地文化特色的前提下，应当简洁、明朗，具有现代感，色彩以灰、白、黄等暖色调为主，协调统一，充分体现卫店镇现代化风貌。非居住建筑色彩要与居住建筑保持协调。

　　同时，队员们认为，卫店镇需要合理规划道路系统，可以将路网设置为方格网状。依据道路等级，卫店镇的交通道路系统可以进一步规划分为主干道、次干道、支路，并合理分配停车场库，保证交通顺畅。队员们在进行市政供排水系统设计时，建议结合城市降雨量，采取积极措施保护和合理开发水资源，提倡废水利用；采用雨污分流设计方式，完善供排水系统。同时，完善电力、通信、环卫设施等系统，提高减灾防灾能力……队员们提出了规划区域内部的生态环境保护及污染防治措施，希望能够建设环境更加美好的卫店镇。部分孝感市孝昌县卫店镇控制性详细规划编制成果如图4所示。

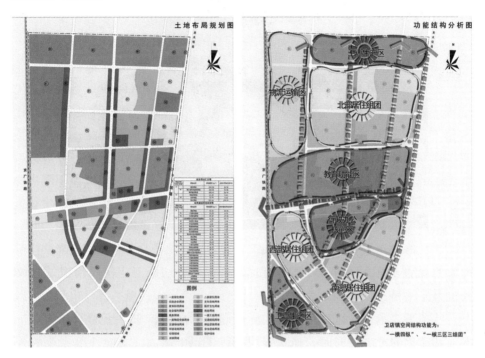

● 图4　孝感市孝昌县卫店镇控制性详细规划编制成果

『县长连连称赞』

8月21日下午3时，党员先锋服务队在卫店镇政府办公室向孝昌县人民政府、孝昌县城乡规划局、卫店镇人民政府相关负责人汇报了阶段性的规划成果。

此次会议由何立群老师主持。孝昌县人民政府副县长李志平、孝昌县城乡规划局局长叶桢平、卫店镇党委书记许红梅、卫店镇镇长湛少文等各级领导参加了汇报会（见图5）。

听取服务队的汇报后，许红梅对队员们表示了感谢："你们深入基层，不畏辛苦地加班加点工作，给卫店镇带来高起点、高标准、展示卫店整体

● 图 5　现场进行汇报交流

形象的规划方案！这两个方案各有优点，都十分切合卫店实际情况，建议到位，非常精彩！"

　　叶桢平表示服务队对于当地实际问题把脉准确，非常感谢服务队对于本地城镇化的贡献，同时，他从容积率、景观生态、可实施性等专业的角度比较了两个方案的优劣势，指出方案虽略有不足，但能在如此短的时间内做出这么优秀的成果实属不易，对此他赞叹道："华中大建规学院的队员们不愧为一流大学的高水平大学生！着眼先进，紧跟时代潮流，所做的规划无论是在定位上还是在设计上都是非常符合卫店镇实际的。"他同时指出，居住区的建设会给卫店的发展带来新的机遇，但卫店作为一个农业镇，自身缺乏竞争优势，最大的优势就是交通优势，所以规划要进行错位分析，寻找突破口，在县域范围内找寻最大的优势，出奇制胜。

　　这次汇报会上，队员们与当地政府进行了交流互动，表达了自己关于项目设计的感受和期待卫店明天更美好的愿望。

　　为了交出最好的答卷，队员们在院领导和指导老师的带领下，克服了时间紧、任务重的困难，团结协作，加班加点。在全体队员的共同努力下，最终圆满地完成了方案阶段性报告，回校后还对其进行了修改完善工作。一个月后，服务队将修建性详细规划图纸和文本给了卫店镇政府，以实际成果向当地政府对规划的支持表示感谢，也展示了华中科技大学学子的专业能力和责任意识。

现为中冶南方城市建设工程技术有限公司的优秀城乡规划师，曾被评为"2021年'武汉英才'优秀青年人才"的郭紫薇回忆起这段经历依然感慨万千："2013年，我参与了孝感市孝昌县卫店镇新型小区规划，当时我马上要读研二，已经从一名本科生成长为一名研究生学姐。我们团队发挥各个专业的优势，花了一周左右的时间，从田间地头的调研，到与当地居民、政府领导的深度访谈，在老师的指导下最终形成完整的方案。当时条件非常有限，大家到处找画图的场地，最终找到了酒店的餐厅。白天我们在外面调研、收集资料，晚上就在酒店餐厅里的大圆桌上铺开图纸画图。通过共同的努力，最终高质量地提交了成果。尽管过去10年了，但回忆起那时，仍然心潮澎湃，小伙伴们青春活力、充满朝气的样子仍然历历在目。"

2013 年赴孝感市孝昌县卫店镇党员先锋服务队名单

指导老师：

| 罗 吉 | 华中科技大学建筑与城市规划学院城乡规划系副教授 |

罗　吉　华中科技大学建筑与城市规划学院城乡规划系副
　　　　教授
何立群　华中科技大学建筑与城市规划学院党总支副书记
周雅琦　华中科技大学建筑与城市规划学院学工组长
李挺豪　华中科技大学建筑与城市规划学院辅导员

学生队员：

吕元之　华中科技大学建筑与城市规划学院 2009 级本科生
车　轩　华中科技大学建筑与城市规划学院 2009 级本科生
王　瑶　华中科技大学建筑与城市规划学院 2009 级本科生
郑立桐　华中科技大学建筑与城市规划学院 2009 级本科生
周维思　华中科技大学建筑与城市规划学院 2009 级本科生
李蔼峰　华中科技大学建筑与城市规划学院 2009 级本科生
宋小莳　华中科技大学建筑与城市规划学院 2009 级本科生
高永波　华中科技大学建筑与城市规划学院 2009 级本科生
高俊阳　华中科技大学建筑与城市规划学院 2009 级本科生
王　夔　华中科技大学建筑与城市规划学院 2009 级本科生
李文越　华中科技大学建筑与城市规划学院 2009 级本科生
顾　萌　华中科技大学建筑与城市规划学院 2009 级本科生
郑加伟　华中科技大学建筑与城市规划学院 2009 级本科生
黄彬凌　华中科技大学建筑与城市规划学院 2010 级本科生
张宝方　华中科技大学建筑与城市规划学院 2010 级本科生
郭紫薇　华中科技大学建筑与城市规划学院 2012 级硕士生

金子一样的初心和梦想

‖‖‖‖‖‖‖‖‖‖‖‖‖‖

『富了，想要更美』

2014年1月23日，湖北省黄冈市英山县温泉镇百丈河村村支书王金初凌晨4时醒来后再也睡不着，在床上翻了好几次身，把一旁的丈夫吴建生吵醒了。丈夫说："今天他们就要来了，你应该高兴，应该睡得更香才是!"

谁要来了？究竟该忧还是该喜？这要从百丈河村和王金初的故事说起。

百丈河村是一个远离英山县城的高寒山村，这里多山多石少田地，村民散住在山旮旯里，昔日的村庄异常穷苦，当地有这样的民谣："出门无路靠肩驮，有女莫嫁百丈河"；"走进百丈河，出门就爬坡，手里无钱花，缸里米不多，姑娘要远嫁，小伙愁老婆"。1956年10月，王金初出生在这个"以穷闻名"的百丈河村，她是家中幼女，上面有三个姐姐、一个哥哥。王金初初中毕业后自学成才，开始穿梭在十里八乡，为农村女性行医治病。方圆20里，村民们都知道有个妇联主任、乡村医生王金初。1992年，百丈河村不到900人，却集体欠债50多万元，村民人均年收入不到300元……在这样的情况下，王金初临危受命，被选为百丈河村支书。

王金初当选为村支书后，一直想方设法带领村民脱贫致富。她带领大家种茶、制茶、种药材，发动党员办养猪场、办鞋厂。截至2013年，百丈河村80%的村民住上了楼房，家家用上了自来水、沼气和现代化的电器设备，村民人均年收入达到了10060元。村民们形容现在的日子是"做饭不烧柴，吃水不用抬，走路不湿鞋，小车开进来"。

到 2014 年，村里早就还清了债务。省道穿村而过，极大地改善了交通状况，村子里面貌焕然一新（见图 1），百丈河村还成为英山县有名的茶叶村。村民们生活比过去好多了，老百姓打心底里信任她、喜欢她。由于工作卓有成效，她被选为第十一届、第十二届全国人大代表，并获得了"全国三八红旗手""全国劳动模范"等荣誉。

● 图 1　2014 年百丈河村村貌

队员许杨对当时的村容村貌印象深刻："记得最清楚的就是爬到半山去看百丈河村的全貌，前田、后屋与远山，无不彰显着盎然生机，这是乡村最具魅力的图景！"

虽然农民收入增加了，可王金初还是对村庄现状有不满意的地方。这十多年来，她靠自己积累的公信力，靠挨家挨户做工作磨嘴皮子，让住在山里的家家户户都搬到了百丈河边上临水而居。可是，村里不够美，村容村貌看起来不够整洁，村民们也缺少交流活动的场所等。虽然是基层工作者，但她也是看过几百个村子、见多识广的全国人大代表，她希望自己的村子也能像江浙地区的农村那样干净、整齐、美丽，让大家像住在公园一样。如今，这些问题该从哪里做起，她一筹莫展，感觉自己已经"技穷"。她知道，如果要请人来专门做规划，是要花不少钱的，而村集体资金预算有限……

一次偶然的机会，她了解到华中科技大学建筑与城市规划学院（以下简称华中大建规学院）有一支党员先锋服务队，曾经给湖北省孝感、襄阳的农村送过规划，她试着拨通了华中科技大学官网上的电话，就这样联系上了这支队伍。

说到这儿，大家都明白了，今天就是这支队伍来的日子，王金初应该喜才是！她跟丈夫说："是呀，我就是高兴得睡不着！"于是她索性早点起床，把支部里几个人喊着，早点去村口等待大学的老师和学生们。

他们所等的这支党员先锋服务队由洪亮平老师和党总支副书记何立群老师带队，潘宜老师和王智勇老师做指导，含博士、硕士生党员8人（第一批）。师生们坐一辆中巴车，一大早就出发了。大家到了百丈河村，第一印象是这里既干净又整齐。

王金初先带领队员们到了村务室，不仅介绍了百丈河村的历史，而且介绍了村里的具体情况、亟须解决的问题以及村庄未来发展的蓝图设想，希望服务队能为百丈河的乡亲们制定科学、可持续发展的30年发展规划（见图2）。王金初拉着洪亮平老师的手，殷切地说："我想要村子更美，我的梦想是打造大别山生态美丽第一村！你们来了，我就觉得有希望了！"

队员程超在2022年冬天接受本书编写组采访时，回忆起当年的情形，笑着说道："王金初书记其实在心里面早已有一张蓝图，她带着我们爬上山头，指着不远处的山坡。'那一块未来要做一片500亩的茶园，那儿要做一个养殖场；以后，我们会陆续争取政策，将山上的贫困户逐步迁到中心湾，沿河两边建设，解决出行难的问题，村里边还要建设文化活动室和健身设施，丰富老百姓的生活……'我们认真聆听着这位'草根规划师'的想法，也被王书记超前的理念和规划构想深深打动。"图3为服务队在百丈河村村务室前合影。

● 图2 队员们在村务室了解村庄情况 ● 图3 服务队在百丈河村村务室前合影

『为建养猪场，卖掉儿子婚房』

从村务室出来后，服务队队员们马上分成三组开始调研工作，对百丈河村的社会经济状况、人民生活环境、自然地形风貌等进行了全面详细的了解，收集了大量的基础资料。王智勇老师还去了英山县城一趟，试图向县里相关部门查阅村庄勘测图，结果只得到一份特别简略的图纸。村庄勘测图是队员们做规划的重要基础信息，服务队只能通过队员的踏勘走访、手绘勾勒，重新完善现状图。

村庄规划的编制更应重视公众参与，每一位村民都应当参与到村庄规划的决策过程中来。因此，前后几批来工作的队员们都用了大量时间和村民交流。

在交流中，村民们提起王金初，都竖起大拇指连连称赞："我们村里那多亏了她！她能干，吃得苦！"

队员张丽红在日志中写道："这里的青山绿水和田园人家让人感觉置身于世外桃源。我们开始还以为农村比较脏呢，到了一看，村容村貌非常整洁，没有一处乱扔的垃圾，后来了解到原来这里面也有王书记多年工作的汗水和智慧！这样的用心不仅塑造了村庄的名片，也展示了村委的凝聚力和村民的向心力！后来，我们将初步的方案在村里进行了公示，征求了村民的意见，在将一些细节解释给村民的时候，我意识到了村民参与村庄规划的重要性。高效的沟通交流非常重要，王金初书记为我们树立了典范！"

参观养猪场时，工人们说为了建养猪场，王金初算是"把全家人都搭上了"。21世纪初，村里好些学生考上了大学，却没钱去读书。2004年，王金初号召村党支部的党员"凑份子"，每个党员出点钱，一共养了500头猪，卖猪的钱供困难户的娃娃读书。

养猪场施工时正值暑假，在中学当语文老师的丈夫吴建生赋闲在家，想去给王金初帮忙。8月31日，天降小雨，山陡坡滑，正在搭猪棚的吴建生一不小心摔进5米多深的沼气池。被送到医院时，他腰椎粉碎性骨折、三根坐骨神经受伤，在医院一躺就是一个月，回家更是躺了足足一年，从此告别三尺讲台。2008年，养猪场已有10000头猪。猪多了，身为公司董事长的王金初想搞标准化经营，扩建原有的猪场，而扩建必须加大资金投入。没有钱，王金初就把儿子的婚房卖了，把卖房子的35万元全部投了进去，2010年，知道"王支书卖房"的村民们自发借钱给王金初。这家几千元，那家几万元，7天之内，二三十人筹齐了35万元，加上银行贷款，王金初买下了现在县城的住所。

如今养猪场实行股份制经营，运行良好，有168户村民、48名党员入股，人们每入股1万元，年终可得2000元分红。从2009年开始，养猪场每年为全村700多人共缴纳三项保险金18万元。这些年，扣除分红、保险，养猪场剩下的收益都用于扩大再生产和公益事业，或投入其他产业。

队员们走进茶园，了解到在20世纪90年代王金初带领大家发展茶叶产业时，也是带着拼劲和韧劲的（见图4）。

● 图4　队员们在参观茶园

　　地处大别山主峰天堂寨南麓的英山县，世代以种植水稻为主。忽然有一天人们被要求"改头换面"发展茶叶产业，百丈河的村民不干了，都出声反对，甚至做出些过激的举动。王金初没有被吓倒，为了学制茶，她四处拜师，"要想有威信，自己得当师傅"。晴天，她骑辆破摩托车出去；下雨天，她就只能走路。30千米开外的村子，被她走得像是去隔壁邻居家串门。炒茶时，她徒手接触滚烫的茶叶揉搓，手脱了几层皮自己也不知道。

　　村里有个村民绰号为"查八棒"（意思是很难缠的人），坚决不肯种茶。一个半月里，王金初天天上门去劝。查家媳妇姓吴，跟王金初的丈夫同姓。王金初"套关系"说："姑爷呀，你看你家有三四亩地，我让你种茶叶，保证3年之内见成效，荷包肯定鼓起来。"

　　入夜，王金初守在查家不走。查家人没法睡觉，赶又赶不走，只好勉强答应。很快，一亩茶叶一年有5000块的收益，查家脱贫了。采茶季时，老人小孩齐上阵，六七十岁的老人，一天都能收入约百元。村民们种茶的信心更足了（见图5）。

●　图5　百丈河村的茶园

2005 年起，村里大部分青壮年劳动力都出去打工，村里只剩下老老小小。王金初看到这些老人和孩子无人照顾，心里很不是滋味，她又开始琢磨并且四处奔走，大胆从台湾招商引资，村集体就这样开了鞋厂。鞋子多是代加工，手工部分比较多，工人以妇女为主，这样老人有人照顾，孩子有人带，妇女也有点收入。如今，许多村民都心甘情愿地留在村里工作和生活。在队员们的调研中，80％的人愿意继续留在农村，保持生活现状；78％的人认为村办企业办得很好，有着不小的潜力。

队员程德月说："调研的过程中，师生们都被王金初舍己为公、带领百丈河村人民脱贫致富的事迹打动，大家决心使出浑身解数帮助她。在调研百丈河村的时候，我觉得乡村生活非常平静与美好，村里的人得知我们过来，脸上洋溢着笑容。但是，我们越是深入了解，越觉得他们生活还是有一定的困难。当时百丈河村的老龄化也非常严重，我结合当时研究课题，就农村养老设施与返乡农民工的关系进行了分析。"

『产业应该更上一层楼』

1 月 23 日现场调研后，建规学院发动了城市规划硕士 2014 级党支部全体同学加入这一期的党员先锋服务队，为百丈河村做规划。他们后来还到百丈河村调研了几次，其间，博士生乔杰带队驻村工作了 10 天（见图 6）。规划工作持续了 8 个月，最终服务队在暑假结束前完成了《百丈河村新农村建设总体规划（2014—2030 年）》。

● 图 6　博士生乔杰、郭紫薇入户访谈

在该总体规划中，队员们为百丈河村的发展提出了数条建议。

百丈河村位于鄂皖两省三县交界处，地处英山县域经济的中心腹地，其在黄冈市一小时经济圈和武汉市两小时经济圈的辐射范围内，一条百丈河由村域东南向西北穿越，过境的 108 县道与百丈河并行而过。全村版图面积 2.38 平方千米，合计 3570 亩，其中耕地面积 372 亩，山林面积 3000 亩。"八山一水一分田"，百丈河村的山水格局特征明显。百丈河村用地现状分析图如图 7 所示。

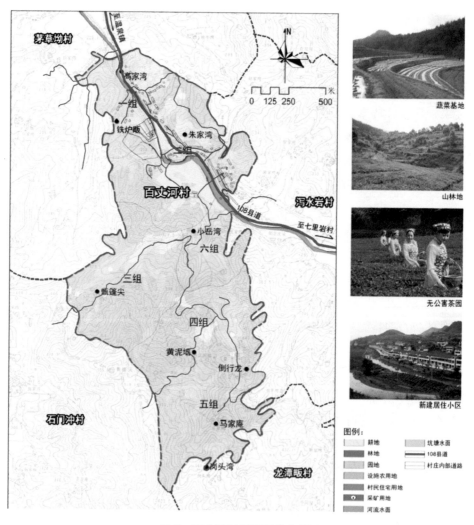

● 图 7　百丈河村用地现状分析图

服务队对村庄内部存在的优势、劣势和外部面临的机会和挑战做了深入的分析。百丈河村发展的一大优势，就是基础设施建设、产业基础好，以王金初书记为首的基层组织领导有力、得人心，村民素质高，集体意识强。如今，国家比以往更关注"三农"问题，乡村旅游发展如火如荼，村子在黄冈市一小时经济圈和武汉市两小时经济圈的辐射范围内同样存在一定的交通和区位优势，这方便村庄向着城乡共融方向发展。而百丈河村的劣势就是村里规划不足、缺少科学指导，另外，村内80％为山地，发展用地大受限制；部分青壮年劳动力仍然将在外打工视为第一工作选择，造成劳务外流；虽然已发展了村集体经济，但仍存在发展资金不足的问题。在将来的发展中，百丈河村还面临茶园、养猪场等产业转型升级、绿色发展道路不明晰等挑战。

接着，服务队队员们在百丈河村的产业布局规划中提出一些思考。

在茶产业发展上，村里茶园采用的是私人承包制。由于地形限制、经营理念及收益率低等，目前村庄茶叶种植多为分散经营，规模化程度较低，同时周边同类茶产业竞争激烈，百丈河村的茶产业发展需要寻求突破。队员们认为，可以考虑将茶产业和旅游融合起来，打造自己的特色茶文化品牌。

百丈河村的养猪产业已成规模，初步实现了农民增收、村庄发展，应当保持规模、稳产增收（见图8）。但是，养猪场的猪粪、猪尿等污染物如何处理是个大难题。服务队队员们调研时发现，养猪场附近几百米都有难闻的气味，生态污染问题急需解决。队员们认为，为实现可持续发展，养猪产业需要进行结构调整升级，形成可持续发展、长久利用的产业循环链。

鞋厂目前解决了部分妇女的就业问题和留守儿童问题（见图9）。由于缺乏管理人才，员工文化素质水平不足，所以鞋厂效益不理想，亟待调整。服务队队员们针对这个情况，提出百丈河村鞋厂未来发展"丰富产品、突出特色，寻求合作、拓宽渠道"的规划途径。

服务队在规划中将百丈河村划分为四个产业片区：新农村旅游接待服务区、新农村产业发展示范区、乡村旅游休闲体验区和大别山生态景观保育区（见图10）。全村分区发展、统筹协调，这样不仅能大大提高土地使用效率，也能发展当地旅游、提升游客体验。

● 图8 百丈河村养猪场

● 图9 百丈河村鞋厂外貌和内景

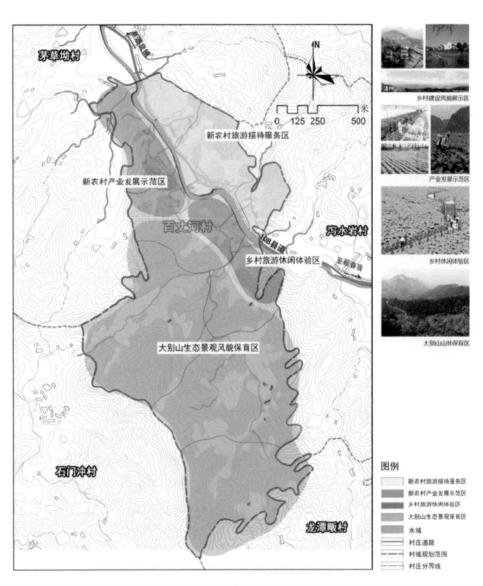

图例
- 新农村旅游接待服务区
- 新农村产业发展示范区
- 乡村旅游休闲体验区
- 大别山生态景观风貌保育区
- 水域
- 村庄道路
- 村域规划范围
- 村庄分界线

● 图 10 产业片区布局

『旅游是新的经济增长点』

毋庸置疑，利用自然资源与区位优势发展村庄的旅游产业，是村庄将来新的经济增长点，而且百丈河村与周边村庄相比，有着相当大的竞争优势。经过王金初书记 40 来年卓有成效的辛勤工作，百丈河村在湖北省内已经有一定的知名度。未来，以英山县温泉镇养生度假旅游区为主要吸引点，结合村庄生态示范体验、乡村休闲度假等旅游产品，百丈河村将被打造为面向省内乃至华中地区的休闲教育基地、家庭自驾游目的地。这里空气清新、山清水秀，在中国人口老龄化程度日益严重的背景下，非常适合作为"银发经济"试验点进行推广。

盘点百丈河村的发展优势，服务队队员们发现百丈河村拥有一些得天独厚的周边和自有旅游资源。百丈河村正处于英山县已经规划的东部生态文化旅游带上，从县域全局看，百丈河村周边有温泉谷旅游区、黄柏山旅游区和白莲湖旅游区三大旅游风景区；沿着主要交通廊道 X108 县道从东南向西北方向，百丈河村周边的旅游资源还有马安寨村九龙漂流、泻水岩村水帘洞、毕昇游园、乌云山茶叶公园等。

服务队建议百丈河村结合自身优势，重点建设基层党建教育示范基地、现代茶工艺示范基地和生态养殖基地这三个基地。百丈河村要以新农村建设起步、产业结构转型为号角，大力发展以农家乐、农业观光园区、节庆、基层党建参观等特色产品为主的乡村旅游业，通过开设旅游咨询、农家乐、商店、餐饮住宿等旅游服务项目，吸引更多的人来村里参观美景、享受服务。这不仅可以促进村民增收创收，提高村民的整体收入，还能够引导百丈河村村民积极投身旅游事业，形成正向循环。

另外，服务队还为村庄开展了景观系统规划，更为中心村提出了更加详细的分三期逐步发展建设方案（见图 11）。一步一个脚印走下去，规划的蓝图终将逐一实现！

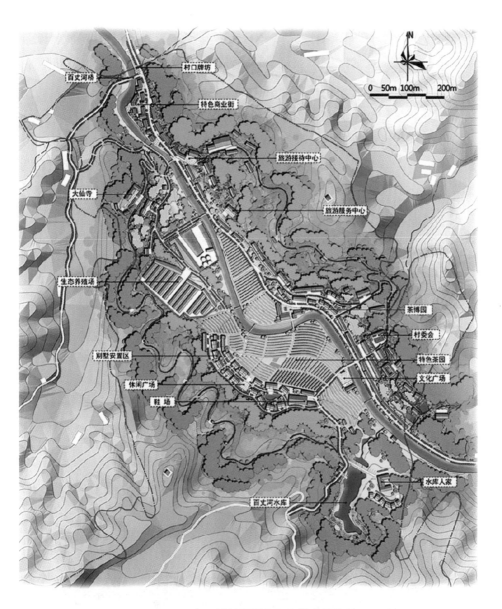

● 图 11　中心村总平面图和分期发展规划

『念念不忘，必有回响』

　　服务队在 8 月份给当地进行了规划成果汇报。由于前期调研充足，村民们全民参与，所以规划充分考虑了村民对乡村发展所提的意见。汇报完毕后，王金初、当地干部和老百姓都很满意。

　　在为百丈河村编制规划的过程中，队员们与王金初等村干部互动频繁，结下了良好情谊，分管学院学生工作的党总支副书记何立群老师认为王金初是一个很好的党员干部榜样和基层工作典范，于是和学生工作办公室的同事们一起策划了一次党建活动，将王金初和村干部柯岚请到华中科技大学校园里来，在建筑与城市规划学院的报告厅，给所有学生党员讲了一课（见图 12）。

　　"我是这里土生土长的，村民都是我的父老乡亲、亲戚朋友。"王金初，这位全心全意为村庄谋发展的老党员，2021 年获得"全国优秀党务工作者"荣誉，她的家庭获得"全国文明家庭"荣誉。她满怀激情地向同学们讲述着自己故事，"大家信任我、选择了我，我就不能辜负乡亲们的信任，我得努力干，还得干得漂亮！"

● 图 12　王金初（左二）在华中科技大学党建活动上参与访谈

听到王金初"因为种茶受到不理解的村民抗议""70 多岁的孤寡老人徐新生无人照料，王金初三天两头上门为他洗衣做饭、打扫卫生"等故事，在场的师生党员不禁眼含热泪。该次党建活动还特意邀请了华中科技大学党委书记路刚和校党委副书记周建波，他们都为村民的好支书王金初点赞，为这堂特殊的党课点赞！

王金初做事一向认真，后续的村庄发展果真在逐步实现当年的规划。如今，百丈河村泥泞的土路变成了水泥路，新建了大桥、景观桥和文化广场，安装了路灯，巩固提升了农村饮水安全工程，建起了标准化卫生室和公厕，人居环境大大改善……如今的百丈河村是鄂东有名的生态文明新村，2015 年获评"英山县宜居村庄"。王金初，这位在村里工作了 40 来年的老党员，人如其名，有着为民着想、金子一样的初心和梦想！在党员先锋服务队的帮助下，她的梦想正在一步步实现。

规划做好后至今，王金初每年来武汉，都会到华中科技大学来见一见老朋友，当年带队的洪亮平老师、何立群老师，参与规划的博士生乔杰、郭紫薇和服务队队长陈需每次都与其欢喜相聚。

多年后，队长陈需在回忆 2014 年的党员先锋服务队时谈道："每一次与百丈河村面对面，都是一次党性的再净化与专业认知的再提升。王金初书记廉洁奉献的孺子牛精神是后辈党员们的学习榜样，百丈河村的规划治理经验是规划学子们的体悟范本。真正的学问在田地间，做人做学问，当有走进田间、走进人群的赤诚与专注。此次实践是我在校读书期间参与的最长周期的规划实践，对我个人成长意义深远。"

2014 年赴百丈河村党员先锋服务队

指导老师：

洪亮平　华中科技大学建筑与城市规划学院教授

潘　宜　华中科技大学建筑与城市规划学院副教授

何立群　华中科技大学建筑与城市规划学院党总支副书记

王智勇　华中科技大学建筑与城市规划学院教师

学生队员：

乔　杰　华中科技大学建筑与城市规划学院 2013 级博士生

郭紫薇　华中科技大学建筑与城市规划学院 2014 级博士生

陈　霈　华中科技大学建筑与城市规划学院 2013 级硕士生

杨　柳　华中科技大学建筑与城市规划学院 2013 级硕士生

张　烨　华中科技大学建筑与城市规划学院 2013 级硕士生

范田天　华中科技大学建筑与城市规划学院 2013 级硕士生

殷　楠　华中科技大学建筑与城市规划学院 2013 级硕士生

黄　博　华中科技大学建筑与城市规划学院 2013 级硕士生

王铂俊　华中科技大学建筑与城市规划学院 2013 级硕士生

程德月　华中科技大学建筑与城市规划学院 2013 级硕士生

肖　薇　华中科技大学建筑与城市规划学院 2013 级硕士生

张　瑜　华中科技大学建筑与城市规划学院 2013 级硕士生

宁　暕　华中科技大学建筑与城市规划学院 2013 级硕士生

韦琼椿　华中科技大学建筑与城市规划学院 2013 级硕士生

文　竹　华中科技大学建筑与城市规划学院 2013 级硕士生

张媛媛　华中科技大学建筑与城市规划学院 2013 级硕士生

赵　静　华中科技大学建筑与城市规划学院 2013 级硕士生

田　苇　华中科技大学建筑与城市规划学院 2013 级硕士生

王冰杰　华中科技大学建筑与城市规划学院 2013 级硕士生

何迎佳　华中科技大学建筑与城市规划学院 2013 级硕士生

许　杨　华中科技大学建筑与城市规划学院 2013 级硕士生

郑　爽　华中科技大学建筑与城市规划学院 2013 级硕士生

祝晓潇　华中科技大学建筑与城市规划学院 2013 级硕士生

周晓然　华中科技大学建筑与城市规划学院 2013 级硕士生

张丽红　华中科技大学建筑与城市规划学院 2013 级硕士生

周阳月　华中科技大学建筑与城市规划学院 2013 级硕士生

时二鹏　华中科技大学建筑与城市规划学院 2013 级硕士生

张乐飞　华中科技大学建筑与城市规划学院 2013 级硕士生

陆　非　华中科技大学建筑与城市规划学院 2013 级硕士生

王卓标　华中科技大学建筑与城市规划学院 2013 级硕士生

王立舟　华中科技大学建筑与城市规划学院 2013 级硕士生

陈　佳　华中科技大学建筑与城市规划学院 2013 级硕士生

杨　晨　华中科技大学建筑与城市规划学院 2013 级硕士生

曾亚婷　华中科技大学建筑与城市规划学院 2013 级硕士生

龙婷婷　华中科技大学建筑与城市规划学院 2013 级硕士生

侯　杰　华中科技大学建筑与城市规划学院 2013 级硕士生

薛　晖　华中科技大学建筑与城市规划学院 2013 级硕士生

袁书梅　华中科技大学建筑与城市规划学院 2013 级硕士生

陈　谦　华中科技大学建筑与城市规划学院 2013 级硕士生

郭伟鹏　华中科技大学建筑与城市规划学院 2013 级硕士生

程　超　华中科技大学建筑与城市规划学院 2013 级硕士生

给高山避暑小镇的发展金点子

| | | | | | | | | | | | | |

『"问题总有解决办法！"』

"队长，我已经3天没洗头了，看样子以后还是没法儿洗头，怎么办呀？"圆脸妹子张宝方对一个高大的男生说道。此时是2014年7月11日，暑假的一个傍晚。

站在张宝方对面的这个身材高大、长相帅气又带点憨厚的男生就是张宝方所说的队长郑加伟了。面对队员的困难，他一时不知如何是好。

这是怎么一回事呢？

原来，应当地政府的邀请，华中科技大学建筑与城市规划学院（以下简称华中大建规学院）党员先锋服务队于2014年7月8日前往湖北省襄阳市保康县龙坪镇。本支队伍由建规学院党总支副书记何立群、城市规划系老师刘法堂带队，团委书记李挺豪周密筹划，选拔学院出类拔萃的研究生和本科生，包括建筑、规划和景观学三个专业高年级的党员，组成党员先锋服务队，来到这里送规划，助力当地城镇建设。

"把新思路、新方法运用到乡村建设中去，我相信大家有能力为乡村振兴做出成绩。"学院党委书记熊滨在队伍临行前深情嘱托，"规划其实就是一个凝聚共识的过程。希望我们这支队伍充分发挥学院学科优势，提升自我的综合素质和社会责任感，运用团队的力量，集思广益开展乡村规划设计工作，进一步夯实乡村规划工作基础，推进美丽乡村建设！"

服务队当天抵达了保康县龙坪镇，并受到了镇政府相关人员的热烈欢迎。在进行简单的休整之后，热情高涨的师生主动要求当天下午在镇区开展调研，开启规划的前期工作。炎炎烈日下，镇党委书记洪波为服务队师生详细介绍了龙坪镇的基本情况、近些年的经济发展状况，满怀激情地谈起了自己未来的工作设想。洪波非常重视本次规划，对服务队的工作满怀期待。他反复交代镇办公室主任安排好车辆，分头送队员们下到各村调研。

由于当地的旅馆比较少，条件有限，一部分房子还在进行修葺，龙坪镇又是高山小镇，距离其他村镇比较远，所以同学们的住宿条件较为艰苦。张宝方住的房间水龙头流出的水细得像绣花针，她头发长，这样实在没办法洗头发，这才出现了开头的那一幕。

晚上7时左右，郑加伟提了两桶水去了张宝方住的那个房间。他把两桶水放在地上，又递给张宝方一个烧水壶："喏，这是我们房间的烧水壶，加上你们房间的烧水壶，你就用两个壶烧水洗吧，再让室友给你帮下忙。"

"问题总有解决办法的！"张宝方也笑着接受了这个提议。

『高山上的避暑小镇』

为了减轻当地政府接待负担，队员们每到一个地方都会以最快的速度开展现场工作，这次也不例外。队员们先梳理手头上已有的资料，再根据需要查漏补缺、分组行动，与政府负责人交流（见图1和图2）、与村民谈

● 图1　队员们听县、镇领导介绍龙坪镇
　　　基本情况

● 图2　村支书在给队员介绍村里情况

心、在网上搜索、实地调研（见图 3）……有了先前实践队的经验总结，这一次的资料收集比先前要顺利得多。在刘法堂老师的指导下，同学们开始了方案的前期论证与分析工作（见图 4）。

● 图 3 队员们在当地调研　　　　　　● 图 4 队员们听指导老师刘法堂
　　　　　　　　　　　　　　　　　　　　　详细讲解规划要点

龙坪镇是一个非常适合避暑的高山小镇，这里平均海拔 1350 米，根据"海拔每增加 1000 米，温度会下降 6℃左右"的认识，这里同期比武汉温度要低七八度。人们在 7 月中旬的武汉已经挥汗如雨，在龙坪镇早晚还需要披个长袖，有小众游客群体将这里当成避暑宝地，来这里小住。可惜镇上旅馆不多且住宿条件差，游客来了之后，也不愿意停留太长时间。

在统筹镇域发展方向时，服务队将重点放在城镇中最重要的部分——镇区用地规划。服务队内部又重新分组，各个小组齐头并进，做多个方案、提多种思路，指导老师全程跟踪，把握总体进度，定期交流、讲图、评图（见图 5 和图 6）。

队员陈霈认为在龙坪镇这段经历是她 2014 年夏天最绚烂的一段记忆："说起龙坪镇，我脑海里就能浮现跟小伙伴们并肩作战的一些瞬间：倾盆大雨后出现的彩虹，办公桌上捉到的巨大的蜘蛛，冷夜里大家喝着自制姜丝可乐奋战画图，爬完陡峭山坡后回来绘声绘色讲述惊险感受的一张张笑脸，每天工作餐里最期待的高山小土豆……我们克服了自然条件不佳、生活条件艰苦等困难，一帮原本并不熟悉的小伙伴拧成一股绳，成为相互帮扶、配合默契的战友！"

● 图 5　队员们忙碌地工作　　　● 图 6　队员们向刘法堂老师进行四组方案
　　　　　　　　　　　　　　　　　　　第一轮汇报

『新的发展，新的机遇』

7月15日下午2时，服务队在龙坪镇政府办公室向龙坪镇政府汇报阶段性的规划成果（见图7和图8）。会议由何立群老师主持。保康县副县长刘国勇、龙坪镇党委书记洪波、镇长方国平，还有镇上各位干部等参加了汇报会。

● 图 7　何立群老师介绍方案进程　　　● 图 8　各方案组进行方案汇报

队员谢湘权从新型城镇化入手，对城镇居住区定位、发展优势条件、镇域联动作用等几个方面进行了总体汇报。郑加伟分别就"飞龙在天"和"龙踞群山"两个方案从规划定位、功能结构、规划设计、道路交通、绿化景观等各方面详细汇报了镇区规划的设计成果。

服务队通过汇报，给了当地几个建议。

第一，在镇域空间结构规划中，龙坪镇需要继续以龙坪镇区为发展中心，以 020 县道为依托，连接西部的大阳坡村，打造龙坪镇东西方向的主发展带；以龙坪镇区为起点，向南北两个方向分别规划向朱砂村发展的南部主轴与向莲花村发展的北部次轴；同时，根据各个区域不同的功能定位，龙坪镇将营造中部综合发展区、西部聚龙山生态旅游区、南部南顶山生态旅游区、北部扁头山农林生态保育区，最终形成"一带引领、两轴联动、四区并进、三星捧镇"的镇域空间结构（见图9）。

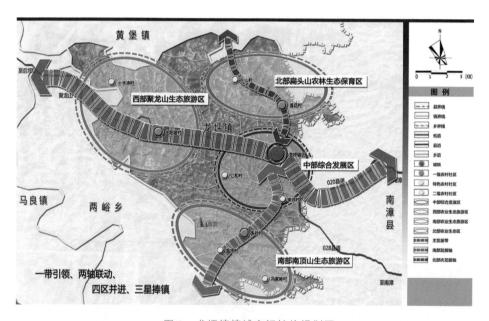

● 图 9　龙坪镇镇域空间结构规划图

第二，在镇区空间规划中，龙坪镇区应当以老镇区建设为基点，在原有基础上打造全镇区覆盖的综合服务中心；继续沿着原有发展路径，形成东西方向的城镇发展主次二轴；在功能布置上，要求公共管理与公共服务用地在镇区实现服务范围全覆盖，能够让镇区居民花最少的时间办成最多的事，同时，在镇区东部新建绿地公园、广场等大场地，改善居民的生活环境的同时丰富居民的生活（见图 10）。

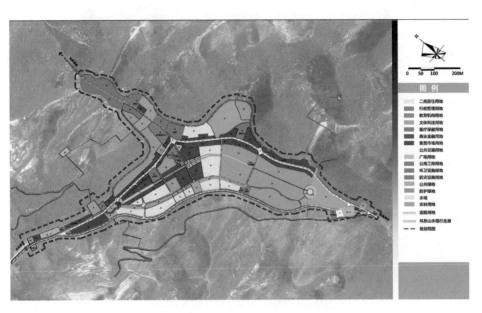

图 10　龙坪镇镇区用地建设规划图

第三，在建设项目策划上，龙坪镇的发展需要聚焦高山旅游。龙坪镇是一个农业镇，与县域范围内其他小镇相比，它的最大优势就是高山特色。龙坪镇可以以高山旅游为主题发展相关产业。例如，以山地林区度假养生为特色，打造生态疗养功能区，吸引避暑、养老、山地运动、森林养生度假等人群；充分利用田园景观（如当地的蔬菜种植基地）、自然生态、农业资源及环境资源，打造高山田园体验区，结合农林生产和经营活动吸引游客前来观赏、体验、度假；以高山古寨特色打造旅游点，打造高山古寨文化区，建设相关古寨村落与文化广场，突出古寨和当地民俗文化，给游客新的民俗体验（见图 11）。

汇报后，洪波对党员先锋服务队队员深入基层、不畏辛苦、加班加点完成方案绘制表示感谢，他认为队员们给龙坪镇带来了高起点、高标准、能够展示龙坪镇整体形象的规划方案，虽然展示的两个方案各有优劣，但都十分切合龙坪镇的实际情况。他满怀激情地说道："服务队对于我们地方上的实际问题把握得十分准确，规划建议很到位！能在如此短的时间内做出这么好的成果，你们不愧为一流大学的高水平大学生！"

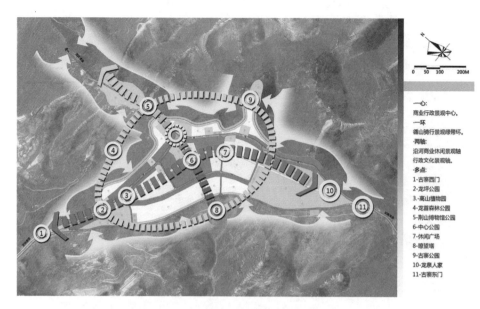

一心：
商业行政景观中心。
一环
徳山骑行景观绿带环。
两轴
沿河商业休闲景观轴
行政文化景观轴。
多点：
1-古寨西门
2-龙坪公园
3-高山槽物园
4-龙首森林公园
5-荆山博物馆公园
6-中心公园
7-休闲广场
8-瞭望塔
9-古寨公园
10-龙泉人家
11-古寨东门

● 图 11　龙坪镇镇区景观结构规划图

副县长夸赞同学们理念先进，紧跟时代潮流，在方案中体现了美丽中国、生态中国的建设需要，无论定位还是设计都非常符合龙坪镇实际情况。他跟队员们说："这次规划指导下的镇区建设，会给龙坪镇的发展带来新的机遇！"

服务队队员回校后继续工作，一些队员在当年还赴龙坪镇进行了第二次汇报，收集各方意见后，为当地完成了《襄阳市保康县龙坪镇总体规划（2014—2030 年）》。

9 月开学后，服务队队员以"关注小城镇发展、推动新型城镇化""党员先锋、服务基层"为主题向全校同学分享实践收获，向大家介绍服务过程中的所见所闻，改变同学们对小城镇发展停滞无序的传统观念，让大家看到小城镇在新时期建设中的巨大机遇。"服务基层，我们志在必行！"队员们向广大同学发出号召。

服务队活动被华中大在线、学工在线和建筑与城市规划学院网站（见图 12）报道。

当年的队员黄彬凌，现任深圳市龙华区大和社工村党支部书记、深圳市龙华区政协委员，被选入福布斯中国 2020 年 30 岁以下精英榜。回忆起这段经历时，他说："刚上大学第一课，就听学工组的老师们讲党员先锋

● 图 12　党员先锋服务队新闻报道

服务队支援汶川灾后重建的故事。后来我也成为党员先锋服务队的队员，参与到孝昌县卫店镇和保康县龙坪镇的乡村规划志愿服务中。在服务过程中，我深刻体会要把自己的人生事业和国家的战略需求相结合，扎根基层，服务群众，这样才能实现自己的人生价值！"

2014 年赴湖北省襄阳市保康县龙坪镇党员先锋服务队

指导老师：

刘法堂　华中科技大学建筑与城市规划学院副教授

何立群　华中科技大学建筑与城市规划学院党总支副书记

李挺豪　华中科技大学建筑与城市规划学院辅导员

学生队员：

郑加伟　华中科技大学建筑与城市规划学院 2010 级本科生

朱教藤　华中科技大学建筑与城市规划学院 2010 级本科生

聂晶鑫　华中科技大学建筑与城市规划学院 2010 级本科生

程晓梅　华中科技大学建筑与城市规划学院 2010 级本科生

朱古月　华中科技大学建筑与城市规划学院 2010 级本科生

李彦群　华中科技大学建筑与城市规划学院 2010 级本科生

张宝方　华中科技大学建筑与城市规划学院 2010 级本科生

龚子逸　华中科技大学建筑与城市规划学院 2010 级本科生

赵　粲　华中科技大学建筑与城市规划学院 2010 级本科生

甘圆圆　华中科技大学建筑与城市规划学院 2010 级本科生

申　旸　华中科技大学建筑与城市规划学院 2010 级本科生

郑有旭　华中科技大学建筑与城市规划学院 2011 级本科生

司　睿　华中科技大学建筑与城市规划学院 2011 级本科生

陈　霈　华中科技大学建筑与城市规划学院 2013 级本科生

黄彬凌　华中科技大学建筑与城市规划学院 2015 级本科生

"会飞的盒子"

| | | | | | | | | | | | | | |

"毕业工作之后，我时常思考自己求学过程中所学的专业知识是否运用到了实践中，是否为身边有需求的人乃至整个社会带来了更多的价值。在这样的自我回顾与审视中，我经常回忆起 2015 年在湖北省恩施土家族苗族自治州巴东县度过的难忘夏天，那段经历至今还激励着我发挥自己专业的力量，为人们创造更多的便利与幸福……"工作多年的邓慧毁提起当时参加"会飞的盒子"项目活动时，仍满是感慨与自豪。

2015 年 6 月，一场讲座让同学们了解了"会飞的盒子"这一公益项目，为山区的孩子做点什么的想法激励着台下的每一位同学。2015 年 8 月，第一批由 12 人组成的党员先锋服务队，坐上了前往巴东的高铁，"会飞的盒子"的故事也由此拉开了序幕。

『 "盒子"为什么会"飞"？』

2001 年起，为了优化农村教育资源配置，全面提升中小学教育投资效益和教育质量，促进农村基础教育事业健康可持续发展，国家对农村教育资源进行了整合：摒弃"村村办学"的方式，对临近的学校进行资源合并，集中优势教育资源。随着政策的逐步落实，学校逐步减少。在部分偏远地区，由于多个村镇共用一个小学，离学校较远的孩子只能寄宿在学校，但农村学校的条件有限，能提供的宿舍不仅阴暗、潮湿，而且床位拥挤，缺少洗浴空间，条件十分艰苦。

农村小学建校舍所花费的人力和物力成本，是当地政府无法承担的。队员们为了改善孩子们在学校寄宿的条件，让他们更好地投入学习，想到了 21 世纪以来逐渐兴起的成本低、能重复利用的装配式建筑。

所谓装配式建筑，就是以工厂预制化生产构件、现场装配式安装为模式，以标准化设计、工厂化生产、装配化施工、一体化装修和信息化管理为特征，整合研发设计、生产制造、现场装配等各个业务领域，实现建筑产品节能、环保、全周期价值最大化的可持续发展。这在当时是一种新型的建筑生产方式。我们可以将其简单地理解为：把建筑的各个部分提前做成多个便于运输的小部件，之后在现场直接组装成一个成品建筑。这样的建筑不仅造价较低，花费的时间短，更为重要的是，当不再需要该建筑时，可以将其拆卸之后运输到另一个需求地继续使用。"会飞的盒子"这个名字也因此产生。指导老师王通说道："会飞，是因为房子采用了装配式建筑的形式，山区学生生源数量变化大，'会飞的盒子'可以根据学生需求自由装配和拆装。"

『有的孩子每天要走两个多小时的山路才能到学校』

"会飞的盒子"这个想法来源于志愿者对山区孩子的关爱。

"孩子们实在太苦了，住得远的孩子每天要走两个多小时的山路才能到学校。"免费午餐第一校——贵州省毕节市黔西县花溪彝族苗族乡沙坝小学的方校长给公益人邓飞拨通了电话，校长希望可以给孩子们建一栋造价在 30 万元以内的宿舍。

之后邓飞联合教育界、建筑界等志愿者和中国青少年发展基金会发起了"会飞的盒子"项目，旨在为贫困地区上学路途遥远的中小学生提供可移动、智能的模块化宿舍，并联合其他公益团队打造体验美好的留守儿童生活社区。

2015 年 6 月 11 日，"会飞的盒子"设计建造营开营，由邓飞先生主讲，发出成员召集令。队员邱倩想起当时的场景，动情地说道："回忆起七年前参与'会飞的盒子'项目一事，记忆犹新。邓飞老师在南四楼的讲台上讲那些与他息息相关的真实的爱心故事，从'免费的午餐'到'会飞的盒子'，我在台下深受感动!"

"会飞的盒子"这一设想最早被沈阳建筑大学的同学们变成现实，第一个"会飞的盒子"在沙坝小学投入使用。第二个"会飞的盒子"就选址在湖北省恩施土家族苗族自治州巴东县大支坪镇耀英坪村中心小学。

2015年6月16日，线上报名表刚发出一天，队伍就集结完毕，随时准备出发。服务队在何立群老师、王通老师的带领下，准备让"盒子""飞"到大支坪镇耀英坪村中心小学。"会飞的盒子NO. 2"的目标是解决当地孩子基础教育配套设施落后的问题，让孩子们健康快乐地成长。为教学条件艰苦的农村地区学校改善宿舍条件是对农村儿童最真切朴实的关怀，也是对坚守在农村教育一线的乡村教师们最有力的帮扶和支持。队员们希望把"建筑设计"与"公众参与"结合起来，打造乡村儿童生活社区，激活农村发展活力。

2015年6月24日，全体队员第一次见面，详细安排了未来两个月的工作。7月2日，队员们出发前往大支坪镇开始现场调研。大支坪镇位于恩施土家族苗族自治州的东北部、巴东县的中西部，是一个人口规模不大、发展较为滞后的小镇。

队员们需要通过与校方进行面对面的沟通，针对现实校区情况和孩子们的需求调整方案，力求为孩子们提供更好的更适宜的住宿环境。

队员们经过动车、普通列车、大巴的艰难周转，迎着从未停歇的山雨，走过寂静的山头和山路上大大小小的泥洼地，终于抵达目的地。"还在读大二大三的小小建筑师们第一次走进大山深处，翻过这里孩子们每天上学都要走的山头，来到耀英坪村中心小学。"秦诗文回忆道。队员们在亲身经历之后更能体会大山里交通环境的恶劣、闭塞以及基础设施的匮乏，他们为每天鸡鸣时就跋山涉水去上学的孩子们感到担忧的同时，也发自内心地体会到建造学生宿舍的急迫性和重要性。"山里的空气很凉，但大家都撸起袖子、挽起裤腿、热火朝天地行动起来，有的爬到房顶上拍照，有的在地上打桩画线，一丝不苟地对场地进行勘测。"队长司睿说（见图1）。

● 图 1 　何立群老师和王通老师登上基地原有建筑二层平台考察空间使用情况

『30 万，能造一栋可容纳 100 人的宿舍吗？』

这次的建筑设计任务书十分特别，仅有 30 万元的预算，竟要建起一栋可容纳近 100 人的宿舍（见图 2）。甲方不是政府机构，也不是商界大佬，而是大山里一群天真烂漫的孩子。队员们要在短时间内根据学校学生的现实学习生活需求，设计出一个可行的方案，并且要确保方案落地，在有限的预算内为学生们建造出新校舍。

恶劣的交通条件增加了运输建筑材料的难度，极其短缺的资金也迫使队员们寻求更为便捷、高效的建造方式。经过长时间的讨论（见图 3），最后大家选择了能够统一规格预制且价格相对较低的装配式建筑。小学的学生入学率每年都会有所不同，学生宿舍的需求量也会相应变化，因此在设计过程中，队员

会飞的盒子No.2设计任务书

1.设计背景

耀英坪小学位于湖北省巴东县大支坪镇耀英坪村3组，是一所地处高寒、条件艰苦的农村小学。学校一共有教师17名，174名学生。6个年级，每个年级一个班30～40人。实行3～6年级学生住校。住读生116人，其中男生61人，女生55人。住宿条件紧张，尤其是住读女生宿舍亟待解决，淋浴、洗脚以及衣被晾晒等住宿需求尚未满足。同时全校师生的开水和部分校产设备储藏条件也需要改善。

本次设计旨在改善该小学当前住读女生的宿舍条件，提供保暖性能好、防潮、防寒、防雷的宿舍空间。提供适当的储物空间、室内洗漱空间，配合相应捐赠设备来提高居住质量。同时兼顾辐射全校的洗浴情况，开水和校产设备储藏条件的改善。"会飞的盒子No2"基本设计思路为用"轻质结构"和"模块化建造"切合"会飞的"概念，探讨空间"住的可能性"和"气候适应性"来实现"盒子"的建筑环境的改善。

● 图 2 　"会飞的盒子 No. 2"
　　　设计任务书节选

● 图 3 "会飞的盒子"工作探讨

们都在探求如何在装配式建筑中，结合拓扑关系和灵活的内部空间设计，满足人员增减的需求。考虑到孩子们小小年纪就远离父母到这里求学，队员们结合他们的社交需求，试图通过利用自然光线，让他们的集体生活变得温暖又有安全感。队员们希望通过内部装饰设计，让孩子们每天早上醒来都能在宿舍内看到熹微的晨光。

明确设计目标后，指导老师带领队员们分组出方案（见图4），除了考虑大小、形状、材质、功能、布局等设计因素外，他们还尽可能保证校舍有充满童趣的外观。

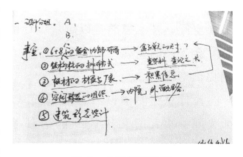

● 图 4 方案拆解分组

队员们迅速构思出了一个方案主体，紧接着将方案分割，把大任务变成一个个小任务，逐个击破。

队员们也分成了多个小组，针对各自负责的内容开展针对性调研、测绘。当前学校的宿舍年代久远、设施落后，甚至有的地方还有坍塌的危险（见图5），这让大家更加坚定了完成好这次任务的决心！学校面积不大，需要考虑学生日常活动的空间，队员们计划在紧邻原校舍的空地建设新的"宿舍盒子"，队员们在选址范围内打桩划线，精准测量判断落位是否适宜，保证规划的可行性（见图6）。

● 图 5　之前学校宿舍的图片　　　● 图 6　队员们合作测量场地基本数据

『集思广益，共绘校舍蓝图』

测绘得到所需数据后，大家便开始进行方案设计。"会飞的盒子"更像一个命题作文，按照提炼关键词的破题方法，队员们聚焦于"会飞"和"盒子"这两个直观的设计关键词。队员们对其具体的解读为一个轻盈的方形空间，基本思路是以定量设计的方式，用轻质结构和模块化建造来表达"会飞"的概念，同时实现"住的可能性"和"气候适应性"，为孩子们提供幸福的"盒子"。

设计思路明确以后，队员们从宿舍基本单元入手，分别讨论了按照六人间、八人间和十人间的居住容量布置方式，以及 0.9m×2.0m 和 1.35m×2.0m 床铺尺寸的使用区别。大家希望在孩子们最基本的活动空间中考虑其包括睡觉、储物、小型活动在内的需求，提供更人性化的空间设计（见图7）。随后队员们把宿舍的基本单元结合基地条件展开设计。按照平行式、围院式、半围合式和多层空间错落式等不同空间形式对比方案、进行深化。

在分组比较方案后，队员们仔细讨论了六人间、八人间、十人间的宿舍布局、水电排布、空间使用等问题，设计方案逐渐明晰。最后，队员用 CAD 做出各自的方案，分别进行展示、解说，大家一起讨论、复盘方案的优点与不足，并对所有的设计风格、模式进行统一，方便最后的建造（见图8）。

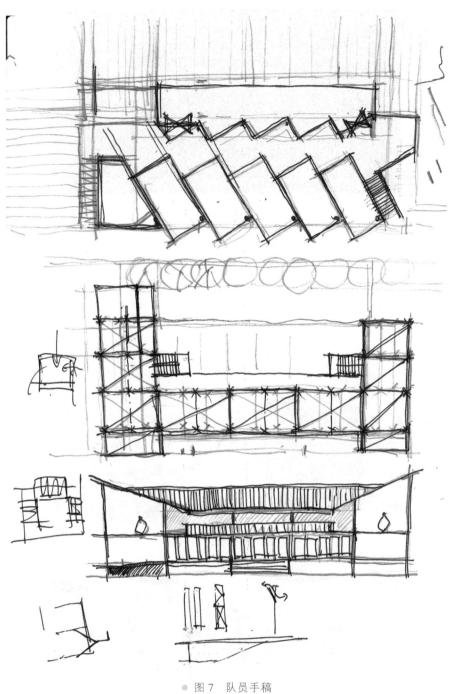

● 图 7　队员手稿

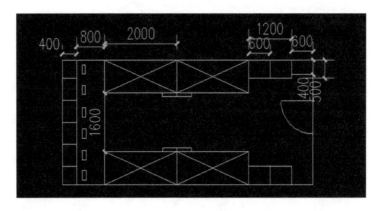

● 图 8　六人间初步方案

下面是当时队员们做出来的三组方案。

第一个方案是由张翔宇、魏爽宁和曹宇锦一起设计的"庭院"（见图 9）。

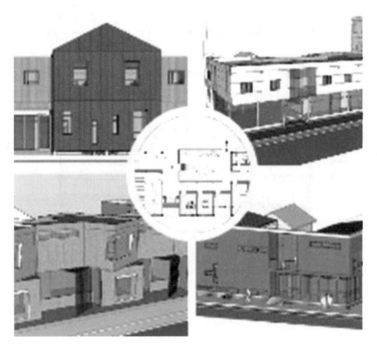

● 图 9　张翔宇组方案

方案中，建筑由三个坡屋顶单体与一个矩形空间穿插相连，坡顶形式与原有女生宿舍风貌相呼应，让新建建筑体量不对基地环境造成满铺的压迫感。立面使用二维模块板材，工厂加工、现场拼装，外饰的材质是塑木条和磨砂型 PC 阳光板。建筑底层架空，减少山区潮湿环境对建筑室内物理环境的负面影响（见图 10 和图 11）。

● 图 10　外观排列

● 图 11　成品示意图

平面布局上，一层均为公共空间，设置可以满足储存图书和阅览需求的图书室、可以储存乐器的乐器室、供管理人员居住的管理房；有 18 个隔间的淋浴室，可供全校学生使用，且设有泡脚池，可供学生洗脚；设有厕所、开水间等，并和其他空间干湿分离。二层主要为宿舍空间，分布有

2个六人间、7个八人间和1个公共厕所，可以容纳68人住宿。同时二层设有L形走廊，可与原有旧宿舍的屋顶相连，有利于原有宿舍的改造再利用，也可利用东向露台做晾晒空间。新宿舍、旧宿舍、教学楼和教师宿舍之间围合出一个庭院，垂直交通联系为直跑楼梯，设在内院中间。庭院内可以进行绿化种植，可供学生休息活动，同时作为二层人流疏散的缓冲区域。内部空间布局如图12所示。

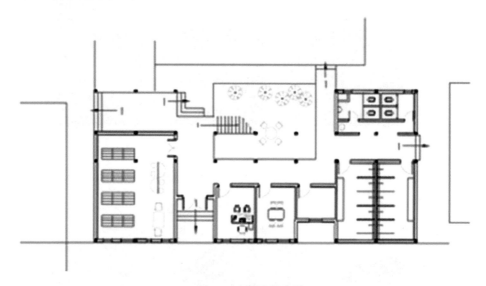

● 图12　内部空间布局

　　整个方案在地性好，与环境协调且朴实可行，不仅满足了校方提出的各项建筑功能的要求，可容纳人数多，而且方案拓展性强，在其他场地可按建筑场地大小用坡顶建筑单元进行组合。

　　第二个方案是由队员袁璟和孔丹设计的"巴山彩韵"。

　　这个方案描绘了美好的校园场景：晨曦初现时，四方内院已露满娇蕊，满室芬芳；暖阳初升时，艺术长廊里光影弥漫、笑声盈耳；日头偏斜时，阅读空间一片静谧、墨洒书香；夕阳西沉时，沐浴场所里暖意熏人、雾气缭绕；午夜梦回时，温馨寝室里明月掠床、一地星芒。

　　这不仅是一个彩色的"盒子"，也是一个彩色的梦。梦里有巴山楚水的柔情、光怪陆离的幻想、淳朴亲和的师友，还有稚嫩而坚定的理想。

　　队员们希望自己创设的"盒子"，不仅能容纳孩子们的身躯，也能承载他们的梦想。该方案成品示意图如图13所示。

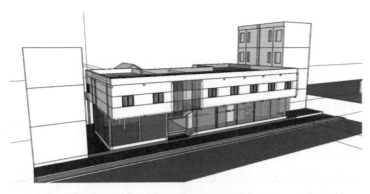

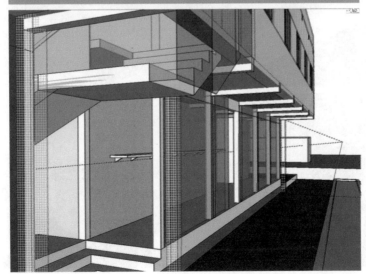

图 13　方案二成品示意图

第三个方案是由队员雷链设计的"径"。

记忆里，童年的许多美好回忆都发生在好奇与探索的过程中，而宿舍作为同学们学习之余的主要生活场所，也能给孩子们留下许多美好回忆。本方案设计在满足校园基本教学功能的同时，从儿童的视角出发，尝试通过创造多样的、有趣的、平等的建筑空间，鼓励孩子们进行交流，并形成多元的行为模式。因此这个方案在小小的宿舍区域创造出很多类似于城市空间的场所，如街巷、广场、庭院、台阶等。

一层平面是南北朝向的基本单元模式，二层平面将基本单元格设置成东南方向进行导风，有利于提高庭院空间的舒适度。同时将二层的室外平台沿着单元外沿拓宽形成折行的回望空间。图书馆以及音乐教室安排在一层中部，宿舍包围功能空间，功能流线清晰。洗浴功能区被安排在东侧旧建筑旁边。该方案成品示意图如图 14 所示。

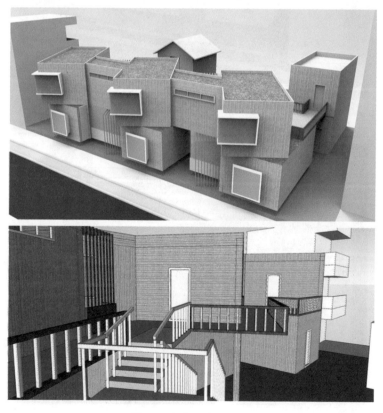

● 图 14　方案三成品示意图

『 "盒子"飞起来啦! 』

　　队员们对以上三个方案进行了讨论、整合,根据实际情况,对两层校舍的平面图、电照图、淋浴系统、宿舍布局图等进行了发散式的设计,最终选择了最合适的方案进行建造。最终的一、二层平面图如图 15 所示。总平面材质图如图 16 所示。队员们前前后后忙活了十几天,通宵达旦地踏勘、想方案、改方案……何立群老师回忆说:"在当地,大家吃饭和住宿条件是非常艰苦的。艰苦到什么程度呢?没有自来水,洗头发洗澡非常不方便。吃东西有时见不到荤菜,只能吃个半饱。在整个设计建造过程中,不仅任务要求高,而且巨大的任务量对队员们的身体也提出了考验,但是没有任何一个老师或学生在面临艰苦环境的时候有过怨言,一个也没有。"

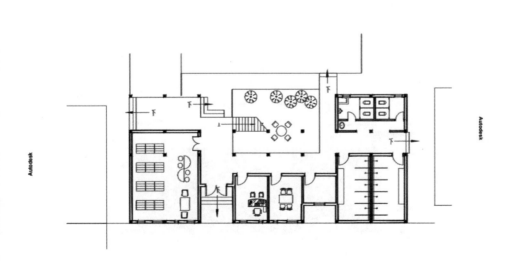

一层平面图　1:100

● 图 15　一、二层平面图

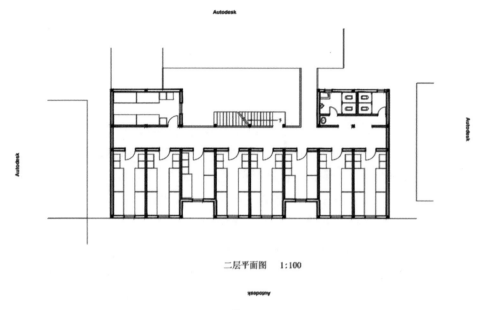

二层平面图　1:100

● 续图 15

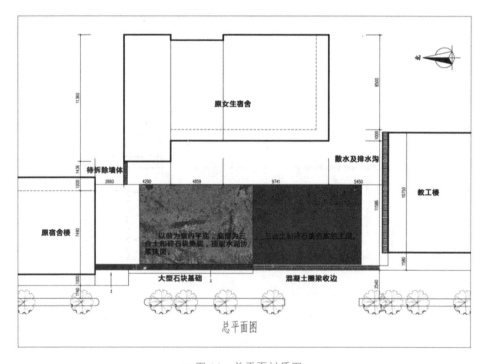

● 图 16　总平面材质图

回到学校，队员们又马不停蹄地开展了为期一周的集中工作营，整日泡在工作室里。从那时起，大家不再只关注设计课上那些"高大上"的概念，而是渐渐地开始学会思考，辨别怎样的空间与设计才是经济的、合适的、安全的、孩子们真正喜欢和需要的，审视自己所学的专业究竟是为了什么，又能对这个社会起到什么作用。

经过不懈的努力，队员们优化调整出最终的方案。2016 年春天，"会飞的盒子"终于"飞"到巴东的山里落了地，耀英坪村中心小学的新校舍正式揭牌，为 112 名学生提供了崭新、温暖而明亮的校舍，为他们的学校生活带来了更多的安全保障与欢声笑语（见图 17）。看到孩子们满意入住，队员们的心里满满的成就感。当年的队员秦诗文说道："在队员们的印象里，那栋房子可能是在建规学院做过的无数个模型、无数个作品中非常不起眼的那一个，但在孩子们的心里，却是最了不起的那一个！"

"宿舍按照队员们的设计提前定制，定制好后运过来，装配好之后，孩子们特别开心。他们的

● 图 17   "会飞的盒子"成图

纯真笑容让我一辈子也忘不了，让我觉得队员们做的事情特别有意义！"虽然过了多年，何立群老师回想起当时的场景，依然记忆犹新！

服务队为山区孩子们设计建造校舍这一举动，受到了社会各界广泛关注报道，引起了强烈的社会反响，如图 18 所示。

而今，当初的那些孩子也许已经带着父母与老师的期望奔向了远方，但队员们在那个暑假设计的"盒子"依然承载着一批又一批孩子们向学的梦想，在巴山之巅高飞！

图 18 新华网对"会飞的盒子"的报道

2015 年赴巴东大支坪镇党员先锋服务队名单

指导老师：

王　通　华中科技大学建筑与城市规划学院副教授

何立群　华中科技大学建筑与城市规划学院党委副书记

学生队员：

司　睿　华中科技大学建筑与城市规划学院 2011 级本科生

魏爽宁　华中科技大学建筑与城市规划学院 2011 级本科生

刘思威　华中科技大学建筑与城市规划学院 2011 级本科生

孔　丹　华中科技大学建筑与城市规划学院 2011 级本科生

万尘心　华中科技大学建筑与城市规划学院 2011 级本科生

邹祖钰　华中科技大学建筑与城市规划学院 2011 级本科生

邓慧弢　华中科技大学建筑与城市规划学院 2011 级本科生

殷一闻　华中科技大学建筑与城市规划学院 2011 级本科生

周　坤　华中科技大学建筑与城市规划学院 2011 级本科生

邱　倩　华中科技大学建筑与城市规划学院 2012 级本科生

王文卉　华中科技大学建筑与城市规划学院 2012 级本科生

秦诗文　华中科技大学建筑与城市规划学院 2012 级本科生

雷　链　华中科技大学建筑与城市规划学院 2012 级本科生

刘浩博　华中科技大学建筑与城市规划学院 2012 级本科生

郝宇琳　华中科技大学建筑与城市规划学院 2013 级本科生

曹宇锦　华中科技大学建筑与城市规划学院 2014 级本科生

朱勇杰　华中科技大学建筑与城市规划学院 2014 级本科生

罗斯迈　华中科技大学建筑与城市规划学院 2014 级本科生

余苗苗　华中科技大学建筑与城市规划学院 2014 级本科生

詹靳颖　华中科技大学建筑与城市规划学院 2014 级本科生

陈雨姗　华中科技大学建筑与城市规划学院 2014 级本科生

袁　璟　华中科技大学建筑与城市规划学院 2014 级本科生

钱开宇　华中科技大学建筑与城市规划学院 2014 级本科生

刘　项　华中科技大学建筑与城市规划学院 2014 级本科生

张翔宇　华中科技大学建筑与城市规划学院 2014 级本科生

看得见山，望得见水，留得住乡愁

┆┆┆┆┆┆┆┆┆┆┆┆┆┆┆

『泛黄的老照片拥有更多灿烂的笑容』

"时间一晃，已经过去 6 年，那年社会实践的情景还历历在目。让我印象最深的，是关于一张全家福的故事。"当年华中科技大学建筑与城市规划学院（以下简称华中大建规学院）党员先锋服务队的队长王文卉回忆起在云南省临沧市斗阁村进行实践的经历时说道，"我们在对民居古建筑进行测绘时，发现其中有一户只有爷爷奶奶和孙子，父母在县城务工，日子过得相当拮据。破败的房屋里，墙上的全家福惹人注目，老照片褪色泛黄，四角卷起，一家五口笑得整整齐齐。在村里测绘的那几天，爷爷奶奶对我们照顾有加。临走那天，我们用自己带的单反，为他们拍了一张新的全家福，之后洗好送给了他们。我永远记得那两位老人喜笑颜开的样子，那是我在那个夏天最美好的回忆。"图 1 为队员们在云南省临沧市斗阁村的集体合影。

在彩云之南的崇山峻岭之间，有一个村子依山傍水、古韵悠然，它便是云南省临沧市的斗阁村。晴空之下，雾龙山显得格外苍翠。清风之中，斗阁村的古朴神韵传递得更远。走进雾龙山，走进古老的斗阁村，仿佛置身唯美的画卷，似真似幻，让人如痴如醉。然而，这美丽的风景下是村子交通不便、生态脆弱、长期贫困的艰难困境。村子里七八十岁的老人较多，缺乏青壮劳动力，大多数年轻人都选择了外出打工。村民们时常因为经济困难，家人难以团聚而愁眉不展。

133

● 图1 队员们在云南省临沧市斗阁村的集体合影

2016年华中大建规学院党员先锋服务队受召赶赴斗阁村开展精准扶贫工作，同时对传统古村落进行保护。党员先锋服务队的目的不仅在于帮助村民扶贫脱困，还在于传递幸福与快乐，用设计方案为村民们解忧，让村民们重展笑颜。

『小而美、小而干净、小而宜居』

队员们初到斗阁村，就被这里岁月和历史的痕迹而打动。村子里有很多清末及民国时期的老建筑，极具特色。小小的村庄卧在雾龙山脚下，仿佛在迎接队员们的到来。此次出行是党员先锋服务队响应临沧市政府对于斗阁村精准扶贫工作的号召，为了让乡村"看得见山，望得见水"，以传统古村落保护为主题，对村内具有历史价值的建筑进行实地测绘，提出改造方案、制订修缮计划，助力斗阁村建设成为"小而美、小而干净、小而宜居"的美丽村庄。党员先锋服务队师生共36人，由华中大建规学院副

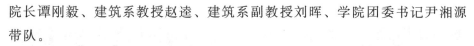

院长谭刚毅、建筑系教授赵逵、建筑系副教授刘晖、学院团委书记尹湘源带队。

在此之前，我校党委书记路钢、副校长梁茜曾带领对口帮扶工作调研组，前往云南省临沧市临翔区就村镇规划、远程教育与培训、科技成果转化、医疗卫生等工作，开展对口帮扶调研。校长丁烈云也曾带领工作组赴临沧市临翔区开展定点扶贫工作。

『被村里人嫌弃的老屋，是队员们眼里的宝贝』

斗阁村的村民世世代代在雾龙山脚下耕耘，他们用祖传手艺修建的老屋在时间的侵蚀下，变得破旧，加上缺乏现代化的设施，老房子逐渐被村里人嫌弃。近年来，因村里建设发展的需要，许多村民将老房子拆掉改建成新的砖瓦房。但这种年岁久远、古香古色的老屋却是队员们眼里的宝贝。

服务队指导老师赵逵对斗阁村最深刻的记忆就是这独具特色的民居建筑。他说："斗阁村的建筑非常有特色，对于历史文化传承和旅游产业的发展意义重大。然而，当地的老百姓历史文化保护意识淡薄。在新屋建造住户可获得五千元扶贫款的驱动下，斗阁村迅速掀起一番新建热潮，村民迫不及待地将自家的老房子拆掉重建，部分古村落原有的传统风貌正以肉眼可见的速度消失，造成不可逆转的历史遗产消逝。为了让村民们了解历史保护的重要性，加深当地村民对'在地博物馆'的理解，我们连夜召开了村民讲座，通过优秀的保护案例向村民传递了'保护开发促扶贫发展'的新理念，并与市领导协调，将每户保护基金调高至八千元，让村民主动参与到保护工作中。我们还主动带领学生驻村工作十余天，在进行古建筑测绘的同时，制定合理的保护与旅游发展规划，协助斗阁村申报'中国传统村落'，让斗阁村在存留传统风貌的同时，逐步走上特色旅游致富的新道路。"图 2 为赵逵教授带领队员们对古村落进行调研。

● 图 2 赵逵教授带领队员们对古村落进行调研

　　古建筑测绘是保护、发掘、整理和利用优秀建筑遗产的基础环节，同时可以为建筑历史与理论研究、建筑史教学提供翔实的基础资料，也能为继承发扬传统建筑文化、探索有中国特色的现代建筑提供借鉴。在历时十余天的扶贫工作中，30 多名队员被分为 10 组对斗阁村每户古建筑保存情况进行盘点。队员们的主要任务有两个：一是对历史建筑进行精准测绘并建模，为今后的保护工作打下基础；二是对斗阁村目前已经翻新的"新建筑"测绘建模，提取现存有价值的设计元素，为之后的改造工作提供灵感和素材。图 3 为老木匠和专业老师现场为队员们讲解古建筑构造。

　　队员高振兴在接受采访时回忆道："穿越崇山峻岭，我们来到了斗阁村，一个美丽的传统乡村聚落，却在村民们逐步翻新自家院落的大潮中留下了几分遗憾。我们此行的目的就是为村民普及传统村落的价值及保护经验。古建筑测绘的过程中，我们深入各家各户，听村民们讲老房子的故事，也让村民发现自家老院子的经济价值和文化价值。测绘工作完成后，

● 图3　老木匠和专业老师现场为队员们讲解古建筑构造

各组将测绘成果汇总到一起，这是斗阁村保护工作的重要数据资料，是后续村落保护的重要基础。紧接着，我们在老师的带领下，为斗阁村的未来发展出谋划策、为乡村建设提供设计方案。6年时间过去了，我想斗阁村一定更美了！"

斗阁村古色古香的老屋、青石板铺成的蜿蜒小路、热情淳朴的村民和日出而作、日落而息的队员们构成了彩云之南难忘的夏日图景。庞大的工作量并没有磨灭老师和同学们的工作热情，大家在茶马古道旁、在古树下、在街坊邻居软软糯糯的方言中、在寻找老木匠的期待盼望里，用最真诚的心，探寻着那些发生在斗阁村的古老故事，也守护着村子的古风古韵。测绘工作在老师和同学们的共同努力下有条不紊地进行着——量尺寸、记数据、画草图、建模型（见图4和图5）。在这生动的现场，同学们做起这些貌似枯燥无味的基础工作来干劲十足。

● 图 4 　队员们现场进行测绘工作

● 图 5 　队员们利用无人机对村落的地形地貌进行测绘

　　队员胡冰寒回忆道："这个小村并不富裕，隐匿在云南的大山里，人烟稀少，生态环境非常好。现存较为完好的古民居瓦房 170 间，但许多古建筑年久失修、破损严重。起初，没有资料，没有任何基础图纸，于是，大家从'上房揭瓦'开始，一步一步丈量土地，爬上爬下一尺一尺测量建筑尺寸，顶着烈日获得第一手数据。用自己的辛苦劳动一点点去换取这些宝贵的数据时，你会感到离这些老宅子更近了，这大概也是我接触规划专业以来最接地气、最有成就感的一次乡村实践。"

『在古村，在乡野，上一堂难忘的党课』

6月29日，在中国共产党建党九十五周年到来之际，党员先锋服务队中的党员代表参加了临沧市圈内乡党支部的义务植树活动和庆祝建党九十五周年党员大会。一大早，队员们在圈内乡党委书记冯成祥的带领下，来到坝胡村大团山对组工林进行管护并重温入党誓词。29日下午，华中大建规学院党员先锋服务队临时党支部参与圈内乡庆祝建党九十五周年党员大会，并与圈内乡党支部进行交流和学习。两个党支部就如何在工作、学习、社会实践工作中践行"两学一做"交流经验。这次在斗阁村的工作就是学生党员们发挥先锋模范带头作用边学边做的生动实践（见图6）。

随后，党员先锋服务队的全体师生参加了斗阁村纪念中国共产党成立九十五周年大会。临沧市政府副秘书长、研究室主任吴永洲被邀请到现场做《习近平总书记系列重要讲话读本》党课宣讲，师生党员和当地基层干部认真重温了总书记"望得见山、看得见水、记得住乡愁"的重要讲话精神。

● 图6 党员先锋服务队临时党支部与圈内乡党支部一起开展党员活动

『如何发展？ 队员们用 "五子" 作答』

"五子扶贫"帮扶策略是党员先锋服务队在深入调研的基础上为斗阁村科学谋划的创新发展帮扶方案，贴近村民需求、贴合乡村实际。

队员丁诚说："脱贫攻坚，是 14 亿中国人的共同梦想，是党和国家在2020 年要完成的任务。能够在大学时期亲身参与这项工作，我深感责任重大、使命光荣。斗阁村坐落在云南的大山深处，我们经过长途跋涉才到达。刚到村里，我们便迫不及待地开始了工作，在当地党员同志的带领下，我们深入贫困户家中，与其见面交谈，深入了解帮扶家庭生活上所面临的各种问题，为之后制订有针对性的帮扶方案打下基础。在带队老师的指导下，我们最终确定了'五子扶贫'的帮扶方案，希望村民们能在青山绿水的环境中安居乐业。"

而当年的带队老师、华中大建规学院的副院长谭刚毅教授则对"五子扶贫"帮扶策略做了进一步解释："当我们思考和探索扶贫方式时，认为'博采'与'出新'同样重要，我们力争整合团队的乡村建设实践，借鉴其他地方的扶贫经验，博采众长，结合云南临沧的具体情况推陈出新。在扶贫工作路线和风貌建设上，我们针对当地少雨干旱、生态破坏、桉树种植方式不当、农产耕地不良等问题，提出了'五子扶贫'建设思路：山体戴帽子（山顶育林戴帽子、退耕还林）；村庄系带子（山腰村和周边栽澳洲坚果、核桃等，造生物墙'拴带子'）；坡地铺毯子（坡地种草种绿肥、观赏花丛等铺毯子）；梯田种谷子（以良种良法种杂粮、玉米、烟叶、茶叶等作物）；乡镇抓票子（镇村联动，山下乡镇通过发展乡镇企业开展多种经营抓票子）。在具体的产业提升上，挖掘当地的古茶、核桃、竹林等地方资源，采用'互联网＋'和'设计＋'的理念，提升农产品的附加值。"

在具体的农房改造和建设方面，服务队结合当地传统民居的建造方式、地方材料以及周边的建筑产业，探索采用看得见（示范）、用得起（低技术、低成本）、高质量、可推广、长效化的适宜性方案。党员先锋服务队的手绘草图与模型如图 7 所示。党员先锋服务队完成的部分设计图纸如图 8 所示。

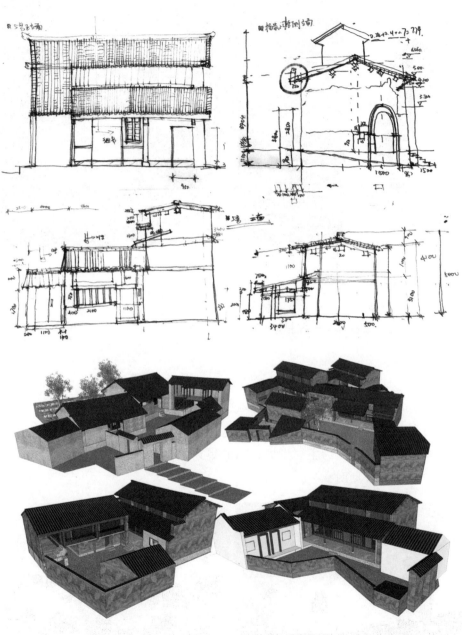

● 图 7　党员先锋服务队的手绘草图与模型

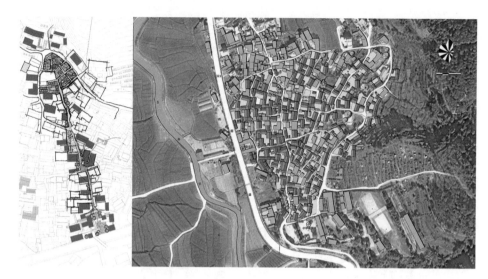

● 图 8　党员先锋服务队完成的部分设计图纸

『乡村振兴画卷徐徐展开』

　　7月2日，临沧市副市长许晓东到斗阁村倾听了党员先锋服务队的成果汇报。临沧市临翔区副区长马国斌、圈内乡乡长陆元以及斗阁村村民代表也参加了此次汇报会议。指导老师赵逵向大家介绍了我们的规划方案以及斗阁村以旅游开发为主要发展目标的规划定位，两组队员就改造方案进行了详细汇报（见图9）。

● 图 9　专业老师和队员代表分别汇报社会实践成果

许晓东对党员先锋服务队此次规划扶贫工作给予了肯定，特别是对队员们从专业角度对古村落保护提出实施建议和改造方案、为当地居民进行技术扶贫和观念扶贫、改善当地居民现有生活环境和生态环境的做法提出表扬（见图10）。马国斌和陆元对老师和同学们的付出表达了感谢。

● 图10　临沧市副市长许晓东对本次规划扶贫提出表扬

经过这次汇报交流，服务队师生从当地的评价和建议中汲取了更多建设性的意见，对今后的改造方案的设计有了更为深入的理解和想法。

『让乡村振兴的号角穿过斗拱飞檐，飞过澜沧江』

在实践中，队员们接触到生活中真实的古建筑，并用双手去丈量它们的尺度、触摸它们的温度、描绘它们的样子，这对于他们理解古建筑结构来说，是最生动的教学形式。而对于当地村民们来说，他们也认识到了古建筑群的历史价值，对早日脱贫更有信心，也将对村落改造工作给予更多的支持。

队员钟正提到这次经历时，神采飞扬，他对未来斗阁村的振兴发展信心满满："11 个小时车程的山长水远没有白费，这次实践让我们在斗阁村有了一段特殊的经历。强烈的紫外线、高强度的测绘与规划工作、简陋的居住和艰苦的工作环境……种种困难抵挡不了老师和同学们保护古村落、古建筑的劲头。我们每日穿梭于村落小巷，讨论着如何传承和活化历史文化资源，在实践中向老师、村民学到了许多超脱于课堂的知识，也体会到了党员先锋队服务存在的意义。我们参与的植树活动让我深深感受到当地政府对于山水资源、历史文化资源的保护意识和积极行动，也让我对这片土地有了更深刻的了解和认知。"

当时的队员之一、现任海南省东方市自然资源和规划局党组成员、副局长（挂职）的李彦群则有更多的感触。他说："对我而言，最大的感触是坚定了自己作为一名共产党员的理想信念。我是 2016 年 1 月参加学校对口云南临沧精准扶贫工作的。一开始我对精准扶贫是没什么概念的，直到去了云南临沧，走进贫困一线才知道在 21 世纪的今天，还有那么一些人生活在家徒四壁、一贫如洗、摇摇欲坠的房中，感到非常震惊。说实话，我刚开始对于规划建筑究竟能不能扶贫在心里是打问号的，后面在和村民、村主任、乡镇干部沟通了之后，才了解到他们对于一个好的人居生活环境、一个有未来的发展规划的渴望。再到我们编完了一个又一个村庄规划、环境整治规划、乡镇总体规划，然后再一点点看到这些规划付诸实施，真的改变了这些贫困乡村的面貌，带动了乡村的产业，我才意识到自己所做的这些是有用的，而不是像一些人所质疑的我们这些大学生是去贫困一线体验生活的。比如，马台乡萝卜山村按照我们的乡村振兴规划改造了村庄环境，建了很多游乐设施，发展了一批农家乐，每个节假日都有很多游客去游玩，体验'萝卜'主题的游乐项目，这些是真真实实地为当地村民创造了大量收入的。从规划到建设，再到营业也就不到一年的时间，原来好的村庄规划是能快速创造价值的。"

李彦群在云南省参与扶贫工作长达四年，他见到了一批又一批驻村第一书记和扶贫干部，他们来自各类党政机关事业团体。他们大部分是跟李彦群一样大的年轻人，他们的事迹也许不像黄文秀同志那样感人，但无一不是绞尽脑汁为当地贫困群众干实事：建档立卡，落实政策兜底保障；出谋划策，引进产业助力增收。和他们交流的过程让李彦群找到了党旗领航的方向，让他坚定了自己对未来的选择，更坚定了一个共产党员的理想信念。

2016 年华中大建规学院在云南省临沧市进行的规划扶贫实践项目获评教育部首届"直属高校精准扶贫精准脱贫十大典型项目"。本次服务队活动获得多方报道，在社会上引起了强烈反响（见图 11）。

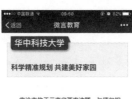

● 图 11　多家媒体平台对该活动进行报道

2016 年赴云南省临沧市斗阁村党员先锋服务队名单

指导老师：

谭刚毅　华中科技大学建筑与城市规划学院副院长、教授

赵　逵　华中科技大学建筑与城市规划学院教授

刘　晖　华中科技大学建筑与城市规划学院副教授

何立群　华中科技大学建筑与城市规划学院党委副书记

尹湘源　华中科技大学建筑与城市规划学院团委书记

学生队员：

王文卉　华中科技大学建筑与城市规划学院 2012 级本科生

胡冰寒　华中科技大学建筑与城市规划学院 2012 级本科生

钟　正　华中科技大学建筑与城市规划学院 2012 级本科生

秦诗文　华中科技大学建筑与城市规划学院 2012 级本科生

高振兴　华中科技大学建筑与城市规划学院 2012 级本科生

严　元　华中科技大学建筑与城市规划学院 2013 级本科生

江海华　华中科技大学建筑与城市规划学院 2013 级本科生

安玉廷　华中科技大学建筑与城市规划学院 2013 级本科生

庞子锐　华中科技大学建筑与城市规划学院 2013 级本科生

丁　诚　华中科技大学建筑与城市规划学院 2013 级本科生

陈焱木　华中科技大学建筑与城市规划学院 2013 级本科生

梁　超　华中科技大学建筑与城市规划学院 2013 级本科生

渠　赫　华中科技大学建筑与城市规划学院 2013 级本科生

伍春晓　华中科技大学建筑与城市规划学院 2013 级本科生

刘颖琦　华中科技大学建筑与城市规划学院 2013 级本科生

吕子璇　华中科技大学建筑与城市规划学院 2013 级本科生

何梦瑶　华中科技大学建筑与城市规划学院 2013 级本科生
杨晨尉　华中科技大学建筑与城市规划学院 2013 级本科生
邹立君　华中科技大学建筑与城市规划学院 2013 级本科生
袁榕蔚　华中科技大学建筑与城市规划学院 2013 级本科生
彭芝珺　华中科技大学建筑与城市规划学院 2013 级本科生
叶　菁　华中科技大学建筑与城市规划学院 2013 级本科生
刘亚萌　华中科技大学建筑与城市规划学院 2013 级本科生
孙黄帅安　华中科技大学建筑与城市规划学院 2013 级本
　　　　科生
吴嘉诚　华中科技大学建筑与城市规划学院 2013 级本科生
刘　茗　华中科技大学建筑与城市规划学院 2013 级本科生
赵冉婷　华中科技大学建筑与城市规划学院 2013 级本科生
张　慧　华中科技大学建筑与城市规划学院 2013 级本科生
吕丹妮　华中科技大学建筑与城市规划学院 2013 级本科生
饶冰凌　华中科技大学建筑与城市规划学院 2013 级本科生
罗　塬　华中科技大学建筑与城市规划学院 2013 级本科生
李彦群　华中科技大学建筑与城市规划学院 2015 级硕士生

"陪伴式规划"共筑诗意乡村

| | | | | | | | | | | | |

对于党员先锋服务队队员们来说，建设乡村、见证乡村的美好发展一直是心之所向、行之所往的事情。2017 年，党员先锋服务队以"党旗领航践行习总书记嘱托，设计下乡助力乡村振兴建设"为主题，前往湖北省孝感市孝昌县王店镇巴石村，在华中科技大学对口帮扶点、乡村振兴一线开展暑期社会实践活动。在这片能够实现自身价值的热土上，队员们一头扎进田野，以"陪伴式规划"深度参与乡村成长过程，发掘乡村的禀赋与潜力，用知识和智慧为乡村量身定制一张张美好蓝图。团队最终绘制出 17 张现状及规划图示，形成了近 7 万字的总结报告。

『脚力上下功夫，规划从实践中来』

当时的巴石村作为贫困县的贫困村，上位规划不完善，镇域基础资料严重缺乏。在这样的情况下，带队老师徐新盛多次往返省市规划部门调取相关规划所需基础资料，队员们通过查阅网上相关资料、县乡档案室资料、访谈政府相关负责人等方式获取资料。夏日炎炎，队员们白天实地调研村庄，几位女队员因为暑热累倒了，但轻伤不下火线，调研访谈从未中断，晚上还要加班加点整理汇总现状信息。最终队员们完成了现状基础资料汇编，弥补了当地人口、道路、建筑层数等数据的缺失。队员们踏实调研，聚焦当地的实际情况，在走访中感受当地文化，观察农村的发展。"乡村规划永远都是基于实地数据，要具体问题具体分析，从而寻求规划路径，这对于我后续的硕博学习也有着重要的启发。规划专业实战的第一战场，对于我而言一直都是巴石村。"队长姚旺回想起当年的调研情况不禁如此感慨。

『把规划还给乡村，把设计还给村民』

巴石村当时有一千多人，但留守现象严重，多是老人、妇女和儿童，他们在农事更迭里维持着村子的延续。指导老师刘晓晖询问村长有关巴石村的村庄名称来历，村长说："可能因为我们什么也没有，只有这泥巴和土石。"村长话虽这么说，但言语间对巴石村未来发展仍充满期望，队员们也都暗下决心谋划好村庄发展蓝图，队员们说："我们始终坚信当地每个人心中都有一幅乡村建设的蓝图。"秉持着这样的信念，队员们进村后紧抓两件事情：一是与这个乡村的"泥巴和土石""对话"；二是与这个乡村的村民们交流。就这样，队员们一方面坚持深入田野，另一方面坚持到村民中同吃同住拉近情感距离，聚焦村民日常生活需求，探索乡村的自然和文化基因，以做出具有在地性的规划，用情感编织乡村美丽画卷。

有队员表示："站在这片土地上，想到我们手里的图纸将会改变这里的建筑、街道、布局以及人们的生活，我时刻感受着规划人的职业责任。"很多人心中都有一个乡村梦，而党员先锋服务队的队员们的乡村梦是一种成就感，是服务乡村，把村民的现实需求落实到图纸上，把规划还给乡村，把设计还给村民。"我之前觉得乡村是个闭塞、贫困的地方，但融入乡村，感受它跳动的脉搏后，我才发现，乡村是个有底蕴、有乡愁、有生命力、能够真正实现自身价值的地方。"队员涂丁说道。乡村规划就是要把乡村的价值挖掘出来，秉持着这样的观点，队员们深入挖掘当地文化，将乡土特色与时代特色相结合，为环境添新意，为乡村添人气。

『高标准战略引领，建设乡村幸福家园』

为了提高规划的前瞻性、引领性，帮助巴石新农村社区抓住战略机遇，实现脱贫脱帽的里程碑式发展，刘晓晖、徐新盛老师带领队员专程前往孝感市自然资源和规划局，按照"十三五"规划中关于城市乡村发展的新要求，以城乡统筹、经济社会和资源保护统筹、环保低碳、社会公平等为基本原则，探索在新世纪中国美丽乡村的特色发展道路。刘晓辉向队员们提出，基于巴石新农村社区建设成为"生态优良、适宜人居的旅游新农村社区示范基地"的发展背景，将巴石发展成为一个结构系统完整、以产业精细化立本、旅游文化深化显著的鄂北重要生态宜居型旅游新农村社区示范基地；民生见殷实、社区显生态、文化求升华、产业出精品，将巴石村打造成为一个体现"望得见山水、看得到特色"的新农村社区。

在老师们的指导下，队员们提出了"三生空间"统筹和"三乡工程"齐动战略，具体表现为：保护与修复自然生态环境，夯实生态安全格局，彰显山清水秀的美好风貌；专注与寻求产业特色，促进农产品高价值的实现；整治与优化村居社区环境，补全和完善各类道路交通体系、公共服务体系和基础设施体系，全面提升乡村生活品质。队员们完成的《巴石社区美丽乡村规划（2017—2030 年）》如图 1 所示。

『多方案铺展美丽乡村画卷』

刘晓晖老师给队员们讲述了他主张的"诗境城乡"思想和"诗境规划"理论，他认为中国当前规划建设正面临环境危机、人文困境，以及中国文化"失语"三大难题。源自中国文化的"诗境"智慧在当代显示了巨大的优势，一方面，中国"诗境"极为重视自然，"意与境会、主客交融"是"诗境"对于人与自然关系的基本认识；另一方面，中国"诗境"非常重视人本，"诗言志、诗缘情"是其基本主张，诗是人的情志表达，因而富有主体性、精神性和独创性。"诗境"以"得天地之精华而抒发人性"表达着人类栖居未来的趋势，它把对美的心灵追求、个性性情的表达与尊重自然统一起来，强烈地投入诗意心境，使栖居空间的营建从一开始就仔细考究和尊重自然实境，带有浓厚的感情色彩和审美情趣，随之带来的是栖居环境的文化品格提升和审美情感升华。

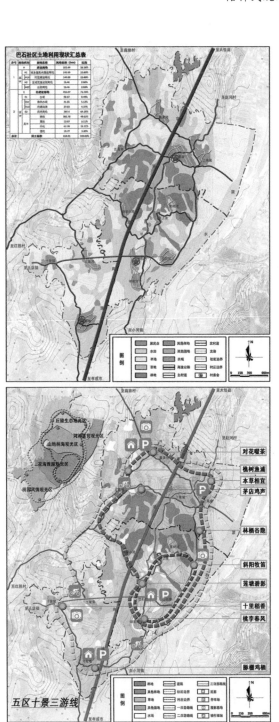

● 图 1 队员们完成的巴石社区规划

刘晓晖老师特别注意启发和引导队员们在规划设计中引入中国文化特色思维，将中国"诗境"智慧运用于当代中国规划学科理论创新和规划建设实践中，并从中散发中国文化魅力、重拾中国文化自信。

队员们在中国"诗境"智慧和"诗境城乡"思想的感召之下，提出了本次巴石村规划目标：复兴文化特色，提振精神风貌，宜居、兴业、乐游多目标联动，勾画和谐幸福家园，构筑诗境美丽乡村。之后，队员们根据巴石村的自然地理环境特征和产业与文化传统特点，分组完成了两个有诗情画意、含乡愁意境的规划设计方案（包括巴石社区村域总体规划和中心村组修建性详细规划），主题分别是"湖光山色晴方好，风吹草低见牛羊"和"曲水流觞觅桃源，阡陌花海寻芳踪"。

『前方路远，但光芒万丈』

服务队队员们以过硬的专业本领、踏实认真的服务态度、艰苦奋斗的精神出色地完成了任务。这次实践不但锻造了学生的思想，使其增强了社会责任感，树立了服务基层的观念，还对学生专业能力和综合素质的提升起到了非常重要的作用。徐新盛作为带队老师，与队员们在村里同吃同住共同调研实践。他以身作则，深入乡村，走访居民，发放问卷，了解村民需求。夏日的田间地头酷热崎岖，他与队员一起徒步十余千米全面了解全村的实地情况，共同商议设计方案、提供技术支撑、解答实践中的理论和现实问题。队员涂丁说："这次实践真是'晨兴理荒秽，带月荷锄归'，没想到徐导跟我们一起走遍了全村！老师用行动为我们树立了榜样。"

2017年7月6日，华中科技大学建筑与城市规划学院在孝感市孝昌县王店镇镇政府向村镇领导进行了《巴石社区美丽乡村建设规划（2017—2030年）》初步成果的汇报工作（见图2）。

服务队队员们汇报结束后，王店镇党委书记胡忠文对师生们深入基层、不畏辛苦，加班加点工作，给巴石社区带来高起点、高标准的规划设计方案表示感谢。"在如此短的时间内产出如此丰富的成果，你们不愧为一流大学的大学生！"针对规划设计的内容，胡忠文书记认为两个方案各

● 图 2 　《巴石社区美丽乡村建设规划（2017—2030 年）》初步成果的汇报

有优点，都着眼于巴石社区的实际情况，从其自身资源禀赋出发，结合美丽中国的建设需要，为巴石社区描绘了生态宜居的未来图景，无论在定位上还是设计上都是很具有前瞻性的。同时，他谈到，合并共建社区，会给三村及其周边村庄发展带来新的机遇，但在当前农村发展现状条件的制约下，合村共建阻力多多、困难多多，规划的实施需要各级领导与规划者的共同努力。汇报会上，全体队员与当地政府进行了交流互动，纷纷表达了自己的祝愿："前方的道路还很长，肩上的担子还很重，但我们相信巴石村一定会越来越好！"

2017 年赴孝感孝昌县巴石村党员先锋服务队名单

指导老师：

刘晓晖　华中科技大学建筑与城市规划学院副教授

何立群　华中科技大学建筑与城市规划学院党委副书记

徐新盛　华中科技大学建筑与城市规划学院辅导员

学生队员：

涂　丁　华中科技大学建筑与城市规划学院 2016 级硕士生

张　昇　华中科技大学建筑与城市规划学院 2016 级硕士生

姚　旺　华中科技大学建筑与城市规划学院 2013 级本科生

毕雅豪　华中科技大学建筑与城市规划学院 2013 级本科生

屈佳慧　华中科技大学建筑与城市规划学院 2013 级本科生

刘晨阳　华中科技大学建筑与城市规划学院 2013 级本科生

饶叶玲　华中科技大学建筑与城市规划学院 2013 级本科生

吴雨芯　华中科技大学建筑与城市规划学院 2013 级本科生

万　舸　华中科技大学建筑与城市规划学院 2013 级本科生

李　璋　华中科技大学建筑与城市规划学院 2013 级本科生

丁文琪　华中科技大学建筑与城市规划学院 2013 级本科生

让从上古走来的世界文化遗产焕发出新的艺术生命力

| | | | | | | | | | | | | | |

"在短时间内，你们能够做出这样的规划成果，我表示很震撼！我代表耀达村的村民感谢你们带来的规划蓝图，你们的方案让从上古走来的世界文化遗产焕发出新的艺术生命力！相信耀达村会在你们的规划下向美丽乡村迈出一大步！"宁明县人民政府副县长史朝阳激动地说道。阵阵掌声响起，这是对此次党员先锋服务队实践取得成功的祝贺，亦是耀达村村民们对队员们工作的认可与由衷感谢！

这次暑期实践的目的地宁明县，是祖国南疆国门城市崇左市面积最大的县份，也是广西第一个世界文化遗产左江花山岩画艺术文化景观所在地，而耀达村正处在该世界文化遗产保护区的核心区域。2016年左江花山岩画艺术文化景观申遗成功后，为加强对核心区的保护，宁明县把耀达村申报传统村落工作作为全县2017年住建工作的一项重点内容。

习近平总书记鼓励我们青年学生用脚步丈量祖国大地，用眼睛发现中国精神，用耳朵倾听人民呼声，用内心感应时代脉搏，把论文写在祖国的大地上。在总书记谆谆教导的感召下，通过组织报名和层层选拔，2017年6月30日至7月10日，来自建筑学、规划学和景观学三个专业共计13名研究生和本科生组成了党员先锋服务队，该服务队以规划系老师王宝强为专业指导，由党委副书记何立群和研究生辅导员杨柳带队，共同奔赴广西壮族自治区崇左市宁明县耀达村开展乡村保护与发展规划，以设计助力当地发展，以实际行动庆祝建党96周年，献礼党的十九大。

在党员先锋服务队的出征仪式上，建筑与城市规划学院党委书记陈钢寄语，期望本次服务队能够继续弘扬建规学院学子的优良服务传统，将专业知识学以致用，支援"一带一路"边陲建设，用规划设计为当地村民打造美丽乡村。

『让我去吧！再折腾、再辛苦我也不怕』

2017 年 6 月 30 日一早，天还没亮，下着淅沥的小雨，"咕噜咕噜"的车轮声从寝室楼栋一直响到南四楼院楼，这是队员们推行李箱的声音。尽管天公不作美，路途又遥远，但队员们没有丝毫的犹豫和抱怨，大家迅速又准时地在南四楼门口集结完毕，踏上了去往广西的路途。此时，2016 级风景园林专业硕士蒋小英正辗转从广州赶来与队员们汇合。原本此时的她正在校外设计院实习，实习安排与这次实践在时间上冲突了。当她得知今年的党员先锋服务队要去往自己的家乡——广西助力新农村建设时，她毅然决定参与这次实践。

"暑假里我正在校外实习，学院传来了党员先锋服务队前往广西壮族自治区崇左市宁明县开展保护与发展规划的消息。对未来无限迷茫的我，感觉到有某种力量在召唤，一腔热血在隐隐沸腾！我从小就在农村长大，这次实践来到了我的家乡，一想到能用专业技能为家乡做点什么，我就无比激动！让我去吧！再折腾、再辛苦我也不怕！"蒋小英在实习日志中写道。她向辅导员杨柳老师提出申请，向实习单位沟通协调，几经辗转终于克服重重困难踏上了为期半个月的广西之行。"这一趟返乡实践定会在我的青春岁月中留下浓墨重彩的一笔！"蒋小英如是说。

经过 15 个小时漫长的旅途颠簸，服务队抵达宁明县已经是晚上 9 时。队员们没有片刻的休息，直接与宁明县人民政府史朝阳、李响两位副县长开会讨论这几天的行程安排、工作任务以及设计方向（见图 1）。会议结束已是 11 时，夜已深，等待队员们的是未来 10 天繁忙的工作任务，大家都收拾好行囊，期待满满地迎接现场调研！

● 图 1 调研筹备会

『溯源花山、初识耀达』

左江花山岩画艺术文化景观位于广西壮族自治区崇左市宁明县城西南约25千米处的明江河畔。岩壁上留存有大批壮族先民骆越人绘制的赭红色岩画，这就是举世闻名的花山岩画，是已发现的规模最大的古代岩画之一。2016年7月15日，在土耳其伊斯坦布尔举行的第40届联合国教科文组织世界遗产委员会会议上，中国广西左江花山岩画艺术文化景观获准列入世界遗产名录。经文物专家研究，花山岩画是战国至东汉时期当地壮族先民骆越人群体祭祀的遗迹，距今有2000多年的历史，与山体、河流、台地共同构成了壮丽的左江花山岩画艺术文化景观。充分的前期准备是做好规划方案的必要前提，而本次实践最主要的任务就是传承保护好花山岩画这一世界文化遗产，探索出当地村庄与这文化瑰宝共生共荣的发展之路。

很快，首次实践交流会在史朝阳副县长的主持下顺利召开（见图2）。指导老师王宝强讲解了文化遗产保护和村落保护形势、传统村落保护与发展规划等方面的内容，带领队员们重温了传统村落调研、保护规划设计、

图2　实践交流会现场

规划编制要点等专业领域知识，他特别强调遗产不仅是物质性的空间载体，还具有非物质空间的文化价值，调研中不仅要看到表象，更需要深入挖掘实质。史副县长也详细介绍了宁明县发展情况和花山岩画保护研究价值，还特意安排耀达村村干部跟同学们交流。看到当地如此重视本次规划，队员们感到自己肩上的担子更重了。

伴着细雨，队员们出发了。师生们用脚步丈量古老的村落，用画笔记录历史的脉络。左江对岸的花山壁画若隐若现，耀达村继承了上古时代骆越族人留下的宝贵财富。在充分了解当地情况的基础上，队员们对本次的古村落保护规划进行了深入的思考：如何权衡保护与发展？如何活态传承当地特有的民俗文化？如何让从历史来的世界文化遗产焕发出新的艺术生命力？在这个思考过程中，队员们意识到了传统村落保护发展的重要性，也感受到了自己身上义不容辞的使命。

岜耀屯与濑江屯都属于花山岩画风景区规划范围内，周围自然景观资源丰富，民风淳朴开放，依山傍水，地理环境优越。村屯开发目标旨在利用花山岩画世界文化遗产景观带动村屯的经济发展，同时保护传统村落文化，打造文化名村。现阶段村庄基础设施不完善、自然环境保护力度不足、公共空间极度匮乏等问题使得两个村屯在发展的道路上急需整体性、系统性的规划设计。

现场调研启发设计思考，保护规划强化使命担当。队员陈永感慨道："走访时，我不停地思索这处房屋或是那片小院规划后的样子。地形图逐渐被密密麻麻的字迹覆盖，脑海里关于耀达村的发展建议逐渐成形。"深入群众、扎根乡村、踏实调研、认真分析，队员们将自己的专业素养转化为改变村落面貌的专业力量，为乡村规划带来新亮点与新思路（见图3）。

队员们初到濑江屯，就被它神秘的民族色彩、天人合一的自然景观、富有特色的地方民居、世代勤劳的村民深深折服，同时也看到了它交通不便带来的发展瓶颈、民族文化载体缺乏保护的窘境、地方发展理念落后导致的振兴困难。王宝强老师向队员们提出了要求："我们要深入调研、挨家走访、用脚步丈量濑江屯的每寸土地，深度挖掘每栋建筑背后的民族文化符号，从历史文化保护、产业经济转型、基础设施建设、乡村振兴实施、景观格局织补、文旅互促路径等方面为濑江屯送规划下乡！"这展现

● 图 3　队员们进村入户调研

了华中大建规学院党员先锋服务队务实奉献、为民服务的初衷，以及将专业特色深度融入乡村发展的新格局。

『言传身教，润物无声』

实践中，王宝强、何立群和杨柳三位指导老师，与队员们同吃同住十多天，实地指导。老师们以身作则，克服暴雨、水土不服等困难，深入地方，走访居民，发放问卷，了解群众需求。老师们指导队员进行设计方案、提供技术支撑、解答队员们遇到的理论和现实问题。可以说，老师们的指导在启发队员思维、树立榜样方面发挥了重要的作用。

杨柳老师被队员们笑称为"女汉子辅导员"。一开始有队员不适应村里的饭菜，杨柳老师就先带头先吃，再想办法调整伙食；梅雨季节，山路乡道湿滑难走，她就挽起裤腿在前面开路；乡间夜晚湿热难眠，她就跟同学们一起听风吹麦浪，谈人生理想，谈未来选择。她喜欢把2010年在学院见到习总书记的情景讲给同学们听："习总书记曾寄语我们的党员先锋服务队队员'要读万卷书、行万里路，到党和人民最需要的地方建功立业！'我们要牢牢记住总书记的嘱托，把送设计下乡这件事一直坚持下去！"老师们在服务队里与学生同吃同住，也激励着队伍中的每一位成员。"在广西的那段时间，杨导一直陪伴我们，在大家熬夜做方案时给大家买水果、零食，给大家加油打气。能顺利地完成服务工作，多亏了老师们的指导和支持。"副队长赵爽如是说。后来赵爽也留校成为一名辅导员，带领服务队每年暑假继续出发。

服务过程中，队员们与当地的基层干部一起入村、入户，一起访民情、促发展，结下深厚友谊的同时，也深深感受到基层工作的艰辛。史朝阳副县长在工作中展现出的榜样模范力量，让队员们真真切切地看到了扎根基层、援建边陲、为民务实的人民公仆形象；广西壮族自治区发展和改革委员会规划处副处长于澄展现的专业技术能力，让队员们切切实实感受到了知行合一、学以致用、在岗位上发光发热的青年奋斗精神。队员陈永毕业后成为一名基层选调生，她萌生到基层去干事创业的念头就缘于这次实践。"当时与我们对接的是宁明县副县长史朝阳，这是我第一次接触并深入了解选调生这个群体，他作为一名从华中大走出去的博士选调生，在毕业后选择到基层发光发热，以实际行动支援'一带一路'边陲建设给我留下了深刻的印象。来自前辈的榜样引领和建规学院党员先锋服务队所承载的责任情怀，让我选择成为一名选调生，深入祖国的基层贡献自己的力量，以实际行动践行华中大青年的担当与使命！"她如此说道。

『床铺就是画图板』

走访调查踏勘后，服务队获取了丰富的基础资料。在此基础上，队员们进行了激烈的头脑风暴，以小组快题形式进行初步方案设计，绘制平面图、结构图、功能图、效果图等表达设计理念。村里条件有限，没有大的会议室、工作台，队员们就拿自己的床铺当画图板，快速把自己的思路落在图纸上（见图4），然后小组讨论，对方案进行反复推敲、改进，常常到深夜。各组以答辩形式进行方案交流，互相取长补短、碰撞灵感思路，逐渐明晰规划方向与目标（见图5）。王宝强老师强调："传统村落的规划应加强对村落格局和风貌的管控，严格控制核心保护区的各类建设行为。适度有序地发展传统村落旅游、养生度假等产业，形成空间环境资源与历史文化资源共保、共建、共享机制。"

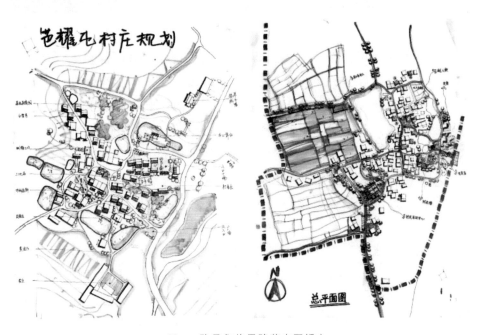

● 图4　队员们将思路落在图纸上

● 图5　各组互相讨论、推敲方案

　　岜耀屯在地理位置上与花山岩画景区最大规模的岩画群相望，大多数驱车而来的观光游客从这里进入景区，通过游船参观的游客也可以从码头进入村屯，因此这里是整个景区的一个重要节点，利用旅游产业带动村屯经济是未来的开发模式。顺着这个思路，队员们对景区进行了重新分区，包括观光农业区、传统产业体验区、壮乡风情区和休闲度假区，提供多种活动的空间；并且对村屯的道路和公共空间进行了重新梳理和组织。不同于岜耀屯，濑江屯已经开发建设了一批旅游设施，如南海观音庙、村史馆、制糖工作坊和码头等，因此队员们在对其进行规划时更多的工作在于细节和基础设施的补充完善。

　　进入方案深化阶段，队员们秉承工匠精神，确定分工、互相讨论、查漏补缺、反复推敲。他们以座谈研讨会形式对方案内容进行推演完善，同时学习传统村落保护规划相关知识，认真梳理规划的逻辑关系。他们认真严谨的工作态度体现了华中大建规学院党员先锋服务队扎实的专业能力、求真务实的职业素养，更体现了党员师生服务地方的家国情怀。

『第二次出发』

对于队长郑有旭来说，2017年赴广西参加党员先锋服务队是他的第二次出发，这一次的实践过程可以用"两个转变"和"两个不变"来概括。

"两个转变"指的是身份的转变和任务的转变。2014年的夏天，郑有旭首次参与党员先锋服务队，赴襄阳市保康县龙坪镇开展乡镇规划实践服务。作为团队中年级最低的本科生小学弟，他更多的是体验过程、学习技能、辅助配合。而2017年这次赴耀达村的暑期社会实践，他是以研究生实践队长身份带队南下，跨越近1500千米的距离，带领12名队员进行为期15天的送规划服务。身份的转变让郑有旭在激动与兴奋之余，增添了一分责任与担当。第二个转变是任务的转变，耀达村是世界遗产花山岩画之乡，历史文化保护与村庄发展的权衡是这次规划实践的新课题。与之前保康县龙坪镇总体规划设计相比，这次的规划需要更多的调研、访谈与沟通，需要更加细致地用脚步丈量土地，用专业服务基层。

"两个不变"则是服务热情不变和专业热情不变。虽然是第二次参与，但郑有旭的实践热情依然高涨。从出发前的队员培训、注意事项、耗材准备、车票预定，到实践中的计划安排、餐饮后勤、内容梳理、设计讨论，再到最终成果的模板制作、成果表达，郑有旭发扬了服务队吃苦耐劳、乐于奉献的传统精神，充满热情地完成了为期15天的实践活动。当然，只有激情并不足以支撑活动的顺利进展，这里要提到第二个不变，就是专业热情不变。作为队长，郑有旭从踏上耀达村的土地开始，心里就一直绷着一根弦儿，现场踏勘、入户交流、村民座谈、规划设计，其间经历了与当地的反复交流、向专业老师多次请教、与各部门反复沟通，每次行动他都提前在脑子里反复盘算，在短时间内高效率地妥当安排各项事宜，保证项目顺利推进。在耀达村的半个月里，每天24个小时都不够用，队长和队员都舍不得休息，平均每人每天睡眠不足6个小时，白天他们要进行村庄调研、村民交流、部分访谈，晚上要分组交流、讨论方案、绘制成果。10多个日夜的挑灯夜战、13名成员的不知疲倦，队长与队员们的反复推敲，才产出了耀达村保护与发展规划好评满满的最终成果。他说："在这个夏天，与队员们在世界遗产花山岩画之乡共同完成这个规划服务，真的是一件很酷的事。"

队员们完成初步方案后，与史朝阳、李响两位县领导以及县住房和城乡建设局、县文化和旅游局等部门的相关领导、专家交流了初步想法（见图6）。史朝阳副县长提出，希望在为景区植入新的功能的同时，考虑到村屯整体环境的整治以及出入口标志性的设计，以及对现有建筑的立面进行改造，以期达到连续界面和梳理空间序列的效果。在领导、专家的启发下，队员们完善了方案，强调了传统文化村落保护的发展目标，并提出了文化传承中的活态发展概念，让村屯中的世界文化遗产落到实体空间中。

交流过后，队员们进入了紧张的成果绘制阶段，大家针对现状分析、保护策略、发展策略、空间布局、建筑保护等内容，在一周内完成了设计与绘制工作。其间，师生一起对方案进行反复推敲，力图将规划做实做好。副队长赵爽负责制作效果图，她在渲染过程中用了许多表达方式，以至笔记本电脑一度死机，但她没有放弃，仍用尽所学表达对花山岩画保护区未来的希冀。"笙歌今古悦，祈祝万年红"最能表达队员们制定规划时对该景区的美好祝愿。部分绘制成果如图7所示。

● 图6 队员与当地干部反复讨论方案

● 图 7 部分绘制成果

照壁君臣舞，天书功虽通，

笙歌今古悦，祈祝万年红。

西北面鸟瞰图

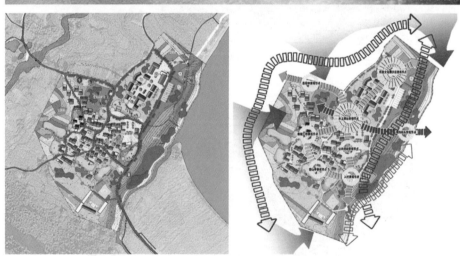

● 续图 7

『责任心最强、工作效率最高』

13 名队员，1500 千米的长途跋涉，15 天的艰苦奋战，访谈 80 人次，发放问卷 200 余份，最终完成了 2 万余字的调研报告和规划文本，绘制了 40 余张规划图纸。党员先锋服务队不怕苦、不惧难，激扬朝气、发挥优势、挥洒热情，以青春奋斗的足迹吹响了乡土文化遗产保护的"冲锋号"。

7 月 10 日，党员先锋服务队就本次规划成果向当地进行了汇报（见图 8）。副队长赵爽汇报了本次规划的总体思路，队员刘彦汇报了岜耀屯的保护与发展规划，队员张恩嘉汇报了濑江屯的保护与发展规划，队员张慧对建筑的具体设计进行了讲解。于澄博士对服务队的工作表示了肯定："你们这么短的时间能够做出这样的成果，我表示很震撼。技术上的成果很实用，很有指导意义，包括汇报、文本也都比较有想法，有一定实施的可能性。"

评审专家对党员先锋服务队的工作给予了充分肯定，史朝阳也为党员先锋服务队的专业素养、工作能力点赞，并表达了对华中大建规学院的感谢，他这样评价党员先锋服务队："这是我见过的责任心最强、工作效率最高的规划设计团队。"何立群老师总结道："同学们要深入学习贯彻习总书记系列讲话精神，坚持潜心问道与关注社会相统一，结合专

● 图 8　汇报会现场

业特点，加强对国情、社情的认识，在实践中了解国情、增长知识，培育弘扬社会主义核心价值观，努力成为中国特色社会主义合格建设者和可靠接班人。"

2017 年，华中大建规学院党员先锋服务队获评湖北省优秀社会实践队、湖北省"本禹志愿服务队"。该项目也被评为华中科技大学实践育人项目第一名，人民网关于暑期"三下乡"专栏对此进行了专题报道。队员们的规划设计为耀达村的发展带来了新的思路，2017 年 12 月，耀达村成功入选第三批广西传统村落名录。如今，随着乡村振兴战略的推进，耀达村成为第三批中国少数民族特色村寨。耀达村通过保护传统村落，传承传统民俗古韵，开发乡村旅游，实现了旅游扶贫、旅游致富，在当地产业转型的过程中起到了引领示范作用。

2017 年赴广西壮族自治区崇左市宁明县耀达村党员先锋服务队名单

指导老师：

王宝强　华中科技大学建筑与城市规划学院讲师

何立群　华中科技大学建筑与城市规划学院党委副书记

杨　柳　华中科技大学建筑与城市规划学院辅导员

学生队员：

郑有旭　华中科技大学建筑与城市规划学院 2016 级硕士生

郭熠栋　华中科技大学建筑与城市规划学院 2016 级硕士生

蒋小英　华中科技大学建筑与城市规划学院 2016 级硕士生

李萍萍　华中科技大学建筑与城市规划学院 2017 级硕士生

宦小艳　华中科技大学建筑与城市规划学院 2017 级硕士生

赵　爽　华中科技大学建筑与城市规划学院 2013 级本科生

陈　永　华中科技大学建筑与城市规划学院 2013 级本科生

李苗浩男　华中科技大学建筑与城市规划学院 2013 级本
　　　　科生

刘　彦　华中科技大学建筑与城市规划学院 2013 级本科生

龙湘雪　华中科技大学建筑与城市规划学院 2013 级本科生

万春晖　华中科技大学建筑与城市规划学院 2013 级本科生

张恩嘉　华中科技大学建筑与城市规划学院 2013 级本科生

张　慧　华中科技大学建筑与城市规划学院 2013 级本科生

长大后，我想成为你

| | | | | | | | | | | | | | |

"看到老师伏在地上，我们的心里涌起一股敬意。"党员先锋服务队队员们正在看着黄老师，只见他目光炯炯，在地上一笔一画地专注修改着图纸。队员们表示："老师专注、敬业的精神深深感染着我们，以后我们也会成为一位规划师，我们也想和他一样，保持对专业的热爱，保持敬业之心。"

这是 2018 年闷热的夏天，还是学生的队员们已经有了未来成为规划师的精神力量。他们憧憬着，未来也能像老师一样，保持热爱、敬业负责，在工作岗位上发光发热。

『绝佳样本，实践舞台』

武汉市郊区有一处湖泊，湖南面有座因形状似牛而得名的牛山，牛山与湖相连，故该湖被命名为"牛山湖"。牛山湖的湖泊面积为 60.42 平方千米，它北邻京珠、沪蓉、武黄三条高速公路入口，交通十分便利。该地区自然环境优美，水产资源丰富，素以盛产梁子湖大河蟹、梁子湖鳜鱼、梁子湖武昌鱼著称。

牛山湖地区地处东湖新技术开发区武汉光谷中华科技产业园（以下简称中华园）。在 2010 年华侨华人创业发展洽谈会（以下简称华创会）上，湖北省人民政府、武汉市人民政府会同国务院侨务办公室达成协议，准备在东湖国家自主创新示范区建设中华园，为海外华侨华人高科技项目和团队提供产业化基地，探索世界华侨华人经济技术合作新模式。2011 年 3

月，国务院侨务办公室批复支持在武汉东湖国家自主创新示范区内设立中华园，作为华创会签约项目的主要承载地。中华园总规划面积 217.66 平方千米，占光谷总面积的 42%。园区依山傍湖，具有得天独厚的文化底蕴和自然禀赋。

由于政策优、产业兴、位置佳，牛山湖地区成为专业团队绘就乡村振兴新愿景的绝佳"试验田"。华中科技大学建筑与城市规划学院（以下简称华中大建规学院）响应国家建设新农村的号召，积极组织有关人员对此次牛山湖之行进行了调查立项、对外联络、组团培训和上报项目工作。6月份，学院与牛山湖当地政府取得了联系，服务队暑期将赴当地进行调研和规划。

学院面向全院 1800 名本科、硕士、博士生公开招募服务队队员。经过三轮人员选拔，最终确定了一支专业基础扎实、动手能力强的党员先锋服务队队伍（见图 1）。

● 图 1　2018 年赴牛山湖党员先锋服务队合影

此次服务队由华中大建规学院院长黄亚平、党委副书记何立群、团委书记徐新盛带队，由 1 名博士、7 名硕士生和 11 名高年级本科生党员及优秀团员组成。

服务队活动开始之前，指导老师对队员进行了集中培训，让队员们深化专业知识，加强组织作风，增强安全意识。"作为一名大学生入党积极分子，我经常参加学校和社会组织的义工服务活动，此次牛山湖乡村调研及规划给了我最好的锻炼机会。"队员张阳如是说。

指导老师徐新盛说："这次我们去的乡村和一般的乡村不一样，是大城市旁边的乡村。靠山吃山，靠水吃水，靠大城市吃大城市，我们给牛山湖做规划，要先了解整个武汉市的规划，这对同学们来说是新的挑战！"

『勤迈步子，勤动嘴巴』

伴随着微凉的夏风，2018 年 7 月 6 日清晨，赴牛山湖党员先锋服务队分批出发抵达园区。指导老师黄亚平、何立群随同园区办相关人员马上开始实地调研，学生分成 9 支队伍分别赶往 26 个村，大家分工协作，调研工作有条不紊地进行着。

此次调研的主要任务有两个：一是对 200 多平方千米的园区进行用地现状调查，并绘制用地现状图，为今后的园区规划工作和美丽乡村的建设打下基础；二是对 26 个行政村进行走访，获取村庄基础数据，并深入每个自然村进行入户访谈，了解村民对于目前村庄产业发展的看法、对于美丽乡村建设的希望和对于新农村住宅建设的需求。图 2 为黄亚平老师和队员在查看当地地图。

● 图 2 黄亚平老师和队员在查看当地地图

大家马上就遇到了第一个难题。

出发前进行物资准备时，队员们得知当地没有相应的工作设备，都自备了电脑、丁字尺、草图纸等绘图相关工具。然而，到达牛山湖后，队员们发现连安放电脑的工作场所都没有。队员们不得不在宾馆的房间里开展工作。没有画图桌，如何绘制方案图呢？一般来说，这个画图桌必须足够大，一般的书桌或者工作桌是无法充当的。

"那就创造空间呗！"郑加伟博士轻车熟路地指挥大家动手将宾馆的地板改造成了"工作台"（见图3）。

大家很快又遇到第二个难题：当地欠缺测绘图等基础资料，怎么办？这个问题党员先锋服务队队员经常遇到，也有办法解决，只是增加了队员们的工作量。队员拍摄了详细的基地现场踏勘照片，并仔细记录下村内的建设情况和土地利用情况，而后利用卫星地图对照现场调研资料描绘地形。每一组成员都在现状基础资料极其匮乏的条件下高效优质地完成了基础调研及资料整理工作，为后续设计工作的开展打下了良好的基础。

图3　队员们布置好了地上的"工作台"

第三个困难是，牛山湖并不像其他普通村子，湖水在很大程度上阻碍着队员们以行程成本最低的方式进行路线规划。没有车，怎么去村子里开展调研呢？队员们到地方送规划，各地提供的条件不一，有的能安排些车辆，而有的没法安排，牛山湖地区就属于后者。

那就骑骑车、走走路、锻炼锻炼！对于热情又年轻的队员来说，第三个困难也能克服。一天下来，大多数步行调研队员的微信步数高达 25000 步，步行距离普遍长于 20 千米，而骑行调研的队员，一天的骑行距离普遍超过了 35 千米。

大部分村民都热情好客地招待队员们。"在调研的过程中，我碰到一位 80 岁的老奶奶独自待在家里。当我和队员表示想要访谈她时，老奶奶非常热情，不顾我们的推辞，给我们切了一个大西瓜。"队员朱雷洲谈起了他的调研经历，"在访谈中，我们了解到老奶奶的儿子和孙子们都在外地打工或读书，老伴也早已离开人世，平时就她一个人在家，好在身体健康，平时最大的心愿就是能有个人一起聊聊天，但现在平时村里已经没有多少人了……"图 4 为队员在牛山湖调研。

● 图 4 队员在牛山湖调研

队员们走遍村落的每寸土地，积极与政府部门和村民沟通，还冒雨进行田野调查，用纸笔记录着所见所闻所感，每天晚上聚在一起复盘和梳理当天的工作，并安排第二天的任务，大家称之为"饭后板凳会"。

从对村落一无所知到了解村里每一栋房屋的建筑年代、建筑质量与建筑风格，队员们用热情与汗水保证调研工作有条不紊地展开。

队长孙源感慨道："2018 年暑假，我们完整真实地体验了实地规划项目的调研阶段，从中深刻地体会到，要在实际项目中进一步增强本领，以实事求是、求真务实的精神研究城市和乡村。"

队员朱雷洲在当年的日志里总结了调研经验："我们根据当晚'饭后板凳会'的内容，进行补充调研，在前一天调研的基础上，补充数据信息，细化用地现状。在访谈过程中更注意运用社会调查的技巧，调研效率相对前一天有了较大提升。"

三天的调研，让队员们对于乡村建设和城市非集中建设区的发展有了更深入的思考，同时队员们对于本专业的理解也更加全面，队员们的能力在实地的工作中得到了全面提升。

队员刘子昂多年后对此次乡村调研进行了反思："调研时间和调研任务安排还可以进一步优化，我们发现部分组仅花一半时间就完成了调研，而部分组花了所有时间才勉强完成。这其中有很多方面的原因。一是虽然村庄个数分配比较均衡，但是行政村内部情况不一，有的村庄人数多、自然村个数多，且分布较散，有的村庄却分布比较集中，或者人口流失十分严重，以至于队员们很难遇见可以调研访谈的村民，这就导致了村庄调研的任务量和难度的差异。二是没有完全统一的调研标准。有的组的调研工作比较细致，坚持每一片土地、每一个自然村都要跑到、拜访到；有的组的调研则比较粗略，仅选择重点村落进行调研。"

调研结束后，队员们立马形成了调研成果：调研报告 25 篇、PPT 若干、现状图纸三张、调研问卷及数据汇总一份，以及总计近 10 万字的调研报告。这些成果描述了 26 个行政村的基本建设情况、交通状况、基础设施和公共服务设施建设状况、拆迁集并工作开展情况、村民意愿和集中反映的问题，以及队员们从专业角度提出的调研情况反馈和发展建议等。

『院长趴在地上画图』

队员们在调研阶段的一个重要任务，就是绘制一张牛山湖片区的用地现状图。

郑加伟博士制定了制图标准，提前帮大家配置好了绘图颜色。他笑嘻嘻地和队员们说道："环境有限，这图比较大，大家就在地上画，轮流休息啊！"

队员们趴在地上，有时抬头看着天花板思考，有时俯身低头画图，纷杂的声响逐渐融合成一篇和谐的乐章（见图 5）。大家趴在地上画，膝盖和手肘都很难受，一会儿就要换姿势，但是看着图纸在队员们手中一笔笔成形，队员们感到非常高兴。这是一支团结的队伍，紧密有序、相互协作，有时候，队员们会因为一些不同的想法而有所争执，但很快就会调整好，互相倾听、互相理解。虽然大家的身体已经疲惫，但心里充满了为人民服务的喜悦。

黄亚平老师经过队员们的工作场地，看着队员们画的图，眉头微微一皱，说道："你们这个地方描述得不够准确，应该这样来。"说着，黄老师让大家让一让，他自己趴在地上，手持马克笔，快速思索着，修改起地上的现状图（见图6）。

● 图5　队员们在地上画图　　　　　● 图6　黄亚平老师参与
　　　　　　　　　　　　　　　　　　　　　队员们的工作

他认真勾勒着，每一笔、每一画都如此认真。他反复琢磨、思考，灯光照在他的脸上，那张沧桑的脸上透着一种坚定和执着。他手里的那支笔，仿佛成了与当地居民沟通的桥梁，连接着地区现状的考量和村里未来的美好图景。

一时间屋里变得非常安静，老师趴在地上画，仿佛周遭的一切都跟他没有关系，他进入了一种物我两忘的境界！老师的姿态虽然平凡，但他专业、敬业的精神深深地触动了队员的心，这是一种超越自我、追求卓越的信念，这是一种坚持到底、不屈不挠的精神！

队员黎懿贤深情地回忆起这个场景："在这个瞬间，我仿佛看到了自己的未来，看到了自己想要成为的样子。黄院长手把手教我们，让我深深

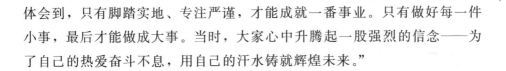

体会到，只有脚踏实地、专注严谨，才能成就一番事业。只有做好每一件小事，最后才能做成大事。当时，大家心中升腾起一股强烈的信念——为了自己的热爱奋斗不息，用自己的汗水铸就辉煌未来。"

『 "这是我第一次看到这么大、这么详细的手绘图纸！" 』

7月9日，党员先锋服务队在中华园组织召开了规划座谈会，园区内街道相关领导及各村长出席了会议，并发表了意见。党员先锋服务队把调研成果以村庄调研报告和土地使用现状图的形式展现，当队员们把2.5米×2.5米的现状图纸（见图7）挂到墙上时，不少当地干部感到惊讶。

一位村支书看到这份完整而详细的图纸时，瞪大了眼睛，不禁赞叹道："这是我第一次看到这么大、这么详细的手绘图纸！"言语中满是惊喜和欣赏。有些干部兴奋地对照着图纸内容找自己的家："对的对的，这画出来我全都明白了。"一位村支书说道："我们村委会旁边就是这个池塘……"当地干部们郑重地表示："这份图纸我们一定好好珍藏，为后人所用！"

队员们汇报了目前规划的初步意向，然后邀请各位村长针对各村的实际情况提出诉求和规划建议。玉屏村村长建议道："在村庄发展过程中应预留建设用地，便于日后企业入驻。"注重地区发展的他，认为在规划中还应注意小区环境设计和公共服务设施配套，带给村民更好的生活，同时要预留中巴车和货车车位，以满足旅游业发展需要。

龙泉街道办张主任认为，在乡村的规划发展中，应严守生态底线，留住美丽自然。同时，对于已拆迁的居民点，要慎重考虑如何布点来加强经济发展，真正做到拆有其用。他还强调，要对乡村产业与产品进行发展定位，做好产业谋划，强化项目准入管理，并对乡村污染情况进行风险评估，提出解决方案。

另外，龙泉街道办干部补充道："在乡村开发建设的过程中，很多村湾被拆迁，从此不复存在。所以对于乡村的道路规划，可采取地域命名方式，如'玉屏大道'，这样不仅可以让乡村的历史得以延续，还可以留住一代人的乡愁，同时展示了规划人的情怀。"

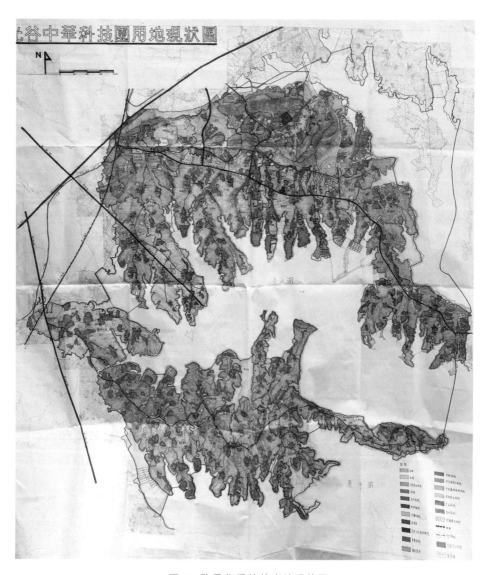

● 图 7 队员们手绘的当地现状图

在讨论过程中，村长们纷纷表达了对村庄建设的期望，提出了许多宝贵的建议。服务队对村干部们的问题进行了耐心的解答，并对村长们提出的合理建议表示认可。郑加伟博士总结道："在未来的规划中，要因地制宜，合理划分生态底线区和生态发展区。"他一针见血地指出："这一片区最大的问题在于'新三农'问题，包括抛荒农业问题、失地农民问题和空心农村问题，这些问题使得农村地区失去了原有的活力。"

听完党员先锋服务队的汇报后，参会者们不禁赞叹服务队的高效率。在那一刻，队员们感到深深的自豪。提及这次汇报，队员凡晓琪这样说："我们的努力得到了认可和肯定，调研成果如同一道夺目的彩虹，展现出我们团队的凝聚力和实干精神。它凝聚了队员们的汗水和心血，展现了队员们的专业素养！"

『将"论文"写在祖国大地上』

"研究这种大城市城郊型乡村地区的可持续发展的方案，能为当地乡村发展提供很大帮助。"黄亚平老师强调，"后续我们将根据研究成果发表一系列高水平论文，响应习近平总书记号召，将论文真正写在祖国大地上，为国内其他同类型的乡村地区发展提供参考，这也是我们党员先锋服务队的初心和使命。"

调研只是整体工作的开端，设计规划方案才是整个实践成果的核心和关键所在。这需要队员们全力以赴，付出更多的努力来完成。只有完成了第二阶段的工作，队员们才能真正实现预定的目标，将"论文"写在祖国大地上。

进入设计规划方案阶段后，队员分成四组，每一组都要在三天内完成一整套详细图纸。时间紧、任务重，为按时完成任务，队员们不敢有丝毫懈怠。队员们回学院在南二楼开始了为期两天的概念设计工作，共完成四份概念设计方案的构思和四幅1∶3000规划图纸的绘制。

由于工作量较大，队员们每天工作至深夜，甚至零时过后仍然可以看到队员们讨论方案细节、推敲图面表达，最终，四个组均如期完成方案设计。队员们用心去调研，用智慧去分析，用才华去设计，最终呈现出既符合实际又具有创意的规划成果。

在第一次方案汇报中，队员们认为，牛山湖地区拥有丰富的自然资源、环境特色以及优越的交通条件，当地应当充分利用这些条件，依托现有的产业基础和牛山湖地区整体开发建设的重要契机，平衡民生发展和生态环境保护两项重要的规划原则。

针对当地乡村空心化、产业发展弱、就业机会少、民生问题突出、土地利用分散低效等核心问题，队员们同样提出了详细的规划建议。第一，满足基本需求，集中布局、高效建设满足村民需求的公共服务设施体系；第二，立足区域市场，因地制宜，充分挖掘非建设空间发展潜力，探索发展生态农业、特色种植、民俗体验、观光度假、休闲养老等新业态；第三，如果有能力，应当建立政府、社会资本、规划师和居民等多元参与和多方共建的可行实施保障模式。

在方案设计中，队员们分为两组，以龙泉温泉小镇等为重点进行了概念规划（见图8），对重点地区的产业空间布局、开发建设策略、实施时序保障等内容进行了初步梳理，为当地有侧重地分布开展开发建设工作提出了规划建议。图9为队员们返校后继续开展规划设计的场景。

图8 龙泉温泉小镇概念规划

● 图 9 队员们返校后继续开展规划设计

有了这些基础之后，队员们进行后续的正式规划更加得心应手，提出的建议更具针对性。在后续完成的《武汉光谷中华科技园非集建区发展策略研究》中，针对目前中华园牛山湖片区存在的经济社会发展水平落后、村庄建设质量低、南北分立联通性差等一系列问题，规划团队充分结合上位规划与生态保护的要求，赋予这里"武汉后花园""梁子湖国际慢城"的功能定位，并打造"四湾一岛"的中华园非集中建设区整体功能分区，具体包括以主题功能小镇为主的东湾，以龙泉风景区、中华海归村等为主的北湾，以观光农业为主的西湾，以郊野公园为主的南湾，以及位于湖中的安湖洲生态湿地岛（见图 10），充分挖掘了牛山湖片区的发展潜能。

在非集中建设区的用地布局规划中（见图 11），规划团队面向全域村庄居民点，结合当地特色以及各自村庄的发展现状、潜力等进行了村庄的选择。大部分村庄被就地改造为相应的特色村落，为全域发展提供土地保障。非集中建设区建设用地面积从之前的 919.96 公顷增加为 1073.35 公顷，实实在在地将绿色发展贯穿地区城乡建设。

● 图 10　安湖洲生态湿地岛规划结构图

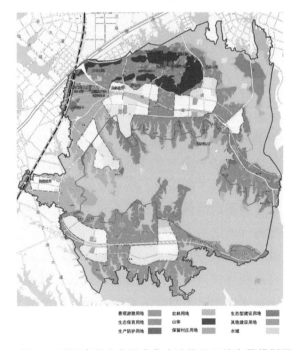

● 图 11　武汉光谷中华园非集中建设区用地布局规划图

这一切真正落下帷幕时，大家都感觉自己成长了许多。"我感觉一切都是值得的。"队员王欣宇说道，"我们跟着研究生及本科高年级学长学姐不断学习，熟悉了乡村调研的整体流程，认识到自己在方案设计中的不足，体会到课程设计和实际项目差异很大。在这次党员先锋服务队活动中，我们凭借自己的专业知识和技能，以实际行动响应了'十三五'规划所提出的相关要求。"

『笑谈收获，在反思中不断成长』

这是一次让人受益匪浅的规划服务。不管是前期的现场踏勘、村民访谈中耐心细致的工作，还是村干部座谈会、方案设计和汇报的过程中专业严谨的表现，都是队员们了解社会、融入社会和回馈社会的具体行动，充分展现了队员们有理想、负责任、有担当的青年形象。

队员邹玥虹这样谈论此次实践中的收获："本次社会实践让我有机会跟随老师走出校门、接触社会、了解国情，理论与实践真正结合了，培养锻炼了我的专业能力。我们不仅为牛山湖地区的乡村发展出谋划策，还为该村申请传统村落提供规划支持。我以学生党员的身份参与其中，带头为基层服务，这不仅让我的思想觉悟提高了，也增强了我服务社会的意识和能力。"

队员赵惠茹认为这次实践给她的启发是，在访谈和收集调研数据时要注意时机的选择："在调研的时候，我们很容易忽视一些至关重要的细节，如调研时间应注意工作日和周末的区别。村委会等组织一般情况下只在工作日有领导办公，因此选择工作日去调研对获取相关数据和信息比较有利。如果忽视了这一点，我们就很容易在调研时错失良机，让调研效果大打折扣。同时，这也从另一方面启示我们，具体下乡调研尽量安排工作日，以方便走访村委会等。"

大家在积极反思的过程中，一致认为此次规划服务带来了满满的成就感。队员张阳表示："无论是调研总结还是这些方案设计，都是我们每一簇灵感、每一滴汗水凝结而成的。这次服务队活动是意义非凡的，我将永远铭记在心。"他还表达了谢意："真心地感谢党组织给予我这样难得的、意义深远的党员服务工作的机会，活动期间，我不仅获得了一些理论知识，还拥有了许多书本上永远学不到的宝贵的人生感悟。今后我一定会更加努力，铭记老师带给我的榜样力量，做一个像老师一样负责严谨的城乡规划师！"

2018 年赴牛山湖党员先锋服务队名单

指导老师：

黄亚平　华中科技大学建筑与城市规划学院教授

何立群　华中科技大学建筑与城市规划学院党委副书记

徐新盛　华中科技大学建筑与城市规划学院辅导员

学生队员：

郑加伟　华中科技大学建筑与城市规划学院 2018 级博士生

王文卉　华中科技大学建筑与城市规划学院 2017 级硕士生

袁丽萍　华中科技大学建筑与城市规划学院 2017 级硕士生

朱雷洲　华中科技大学建筑与城市规划学院 2017 级硕士生

夏海玉　华中科技大学建筑与城市规划学院 2017 级硕士生

何　康　华中科技大学建筑与城市规划学院 2017 级硕士生

杨体星　华中科技大学建筑与城市规划学院 2017 级硕士生

胡冰寒　华中科技大学建筑与城市规划学院 2017 级硕士生

孙　源　华中科技大学建筑与城市规划学院 2014 级本科生

张　阳　华中科技大学建筑与城市规划学院 2014 级本科生

侯志伟　华中科技大学建筑与城市规划学院 2014 级本科生

凡晓琪　华中科技大学建筑与城市规划学院 2014 级本科生

朱惠子　华中科技大学建筑与城市规划学院 2014 级本科生

于璐滢　华中科技大学建筑与城市规划学院 2015 级本科生

黎懿贤　华中科技大学建筑与城市规划学院 2015 级本科生

王欣宇　华中科技大学建筑与城市规划学院 2015 级本科生

赵惠茹　华中科技大学建筑与城市规划学院 2015 级本科生

邹玥虹　华中科技大学建筑与城市规划学院 2015 级本科生

刘子昂　华中科技大学建筑与城市规划学院 2015 级本科生

擦亮小城镇，建设新北港

| | | | | | | | | | | | | |

不同的人有不同的梦想和憧憬，对于一个学生来说，他的梦想可能是学有所成、有良好的学习环境、有公平的受教育机会；对于一个农民而言，他的梦想可能是粮食能够丰产，致富的道路宽一些；对于一个教师而言，他的梦想可能是桃李满天下，教出更多优秀的学生……而对于党员先锋服务队队员们来说，他们的梦想是加强城乡特色风貌建设，提升人居环境品质，共绘城乡壮美画卷。

『北港没有港』

2019 年 7 月 2 日，应当地政府邀请，华中科技大学建筑与城市规划学院党员先锋服务队北港分队出发了。这支队伍由建筑与城市规划学院（以下简称华中大建规学院）党委副书记何立群与团委书记徐新盛带领，规划系教师王智勇与林颖做技术指导，包括本科生和硕士生共 11 人。他们共同对湖北省咸宁市通城县北港镇中心镇区进行控制性详细规划研究，谋划北港城镇更新行动，打造更高品质的城市空间，助推高质量新型城镇化发展，以实际行动响应国家助推实现"中国梦"的号召。带队老师王智勇认为："规划人要通过与政府、居民深入交流沟通，共商发展大计，共话城镇复兴。这次我们要统筹规划镇区布局方案、提升规划建设管理水平、建设宜居韧性品质城镇，为北港镇'擦亮小城镇，建设新北港'提供陪伴式的规划服务，以实际行动来贯彻以人民为中心的新型城镇化核心理念。"

在此前，学院党委书记钱思、党委副书记何立群、团委书记徐新盛、规划系王智勇老师与林颖老师已经作为"先锋部队"到过北港镇一次。在通城县县长刘明灯的介绍下，"先锋部队"摸清了北港镇的大致现状，听取了地方政府的发展诉求，了解了北港镇最新城市总体规划的要求。此次初步调研为接下来党员先锋服务队对北港镇进行控制性详细规划研究奠定了坚实的基础。

出发前的培训会上，林颖老师给队员们打气："咱们学院党员先锋服务队有优良的传统，获得无数好评。今年咱们这支分队要发扬传统，努力干好，咱们不能比其他年度差！"队员们摩拳擦掌，纷纷表示会全力以赴。

队伍到达北港镇后，北港镇书记赵伟岭热情地迎接了师生。王智勇老师通过北港镇提供的总体规划资料与县镇基础资料向服务队队员们讲解了本次控规编制工作的注意事项与成果侧重点，同时赵书记也向队员们详细介绍了北港镇的发展历程与规划要求（见图1）。

● 图1 到达北港镇后马上开会

队员们在当地现场工作的主要任务有两个：一是对全镇区的用地功能进行调研核对，并绘制用地现状图；二是开展调研，深入了解居民多元服务需求，充分征求居民的意见，解决居民"急愁难盼"的问题，绘制一张以人民为中心的规划蓝图。服务队分成5组将北港镇的老镇区、新镇区及新工业区进行了细致准确的功能比对与记录。

调研过程中，服务队队员们实地踏勘了镇区范围内的贯青村、大界村、横冲村、长青社区、庄前社区等五个村庄（社区），规划总面积为5.14平方千米，访谈30余人，步行共计60余千米，整理一手调研手绘资料 10 余份（见图 2）。通过实地走访与资料整理，服务队了解了镇区的现状，为接下来的控规编制打下坚实的基础。

有趣的是，北港镇名为"北港"，听起来好像临近某一个港口，谁知队员们到了当地一看，整个镇区建在几座山的脚下——妥妥的山区嘛！有队员调侃道："我以为能看到大湖大河和港口呢，谁知北港没有港！"

● 图 2 队员们走街串巷调研

『一枝一叶总关情』

从 7 月 9 日开始，队员们不仅要根据前一天白天的调研成果和晚上开会的内容进行补充调研、补全数据信息、细化用地现状，还要进行北港镇中心镇区控规方案的设计，任务量繁重（见图 3）。如何有效保留新版总体规划已有的设计？如何在新版总体规划框架下做出更符合镇区需要的改变？这些问题让同学们意识到了新型城镇化建设发展的重要性，也感受到了规划工作者沉甸甸的责任。

队长赵爽回忆起当时的场景，这样说道："在北港，我们住在政府大院，和当地基层干部同吃同住。有一天，我们正在准备最终的规划成果，不觉已到了深夜，一位镇干部经过我们的会议室，探头问候我们'还没休息呀？'，谈笑间，我们得知他们也在忙着处理镇里的急难愁事，操心着小镇发展的点点滴滴。当时，'衙斋卧听萧萧竹，疑是民间疾苦声。些小吾曹州县吏，一枝一叶总关情'这首诗浮现在我的脑海，我在心里给当地干部点了一个大大的赞！"

● 图3　夜深人静，队员们仍在进行方案设计

『思想碰撞绘美筑梦』

　　队员们分成3个小组，设计了3套方案，并比较总结了各个方案的优点和不足，最后，在老师的指导下，队员们不断完善，最终得到一个综合推荐方案设计。师生们共同完成了1份最新的镇区用地现状汇总分析图、5份共计2万字的调研报告和1份规划文本，绘制10多张分析图（见图4）。在多方案进行对比的基础上，他们最终确定了镇区发展的规划蓝图。

　　基于调研现状，队员聚焦当地六大痛点：用地布局混乱，功能结构不明；内部交通混杂，外部交通穿城；公共服务配套不足，设施建设落后；公共绿地匮乏，景观格局不清；城镇风貌单一，文化特色缺乏；土地利用浪费，开发强度不够。之后，针对以上痛点，队员提出了空间布局协同化、土地利用集约化、内外交通功能化、城镇风貌特色化、生态绿化网络化、设施建设共享化等策略，打造商业中心地、文旅农旅示范区、生态型居住家园。

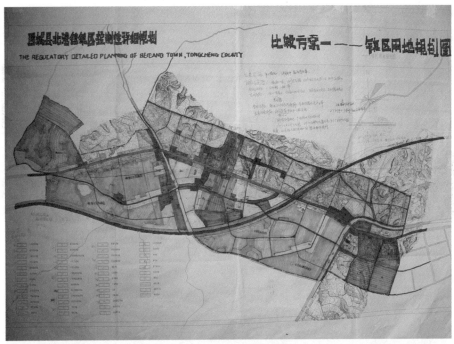

● 图 4　队员们规划成果的一部分

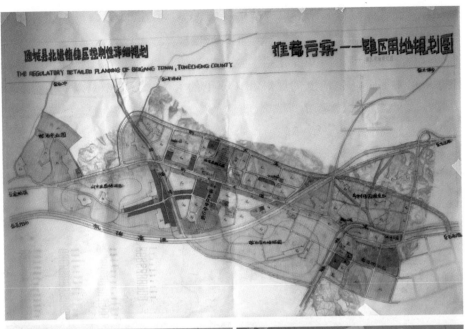

● 续图 4

　　7月12日，党员先锋服务队向北港镇政府汇报了北港镇镇区控制性详细规划研究的初步成果，通城县及北港镇政府各部门领导和各村领导参与了该次会议（见图5）。听完汇报后，通城县自然资源和规划局干部胡向阳对党员先锋服务队的工作大加赞叹："此次控规研究提出的六个问题，实事求是、切中痛点，把脉准得很，如实反映了北港镇现状！调查研究准确、深入、透彻，方案中的亮点值得政府深入思考。"在场干部们提出了具有针对性的深化建议。

　　北港镇党委书记赵伟岭充分肯定了党员先锋服务队的专业素养、吃苦耐劳的精神以及模范带头作用，诚挚地表达了对华中大建规学院的感谢，他这样评价党员先锋服务队："华中科技大学师生格局大，想得细，这么短的时间内做出如此详细的方案，非常难得！"

学院党委副书记何立群介绍了党员先锋服务队的发展历程，并感谢北港镇政府对服务队生活上的照顾和调研上的大力支持。她总结道："今年是中华人民共和国成立 70 周年，我们的党员师生在关注社会、关注民生中发挥专业特长，为地方政府做点实事，献礼祖国七十华诞！"

● 图 5 服务队向北港镇政府汇报初步成果

党员先锋服务队于 7 月 12 日返回学校。接下来两天虽然是周末，但队员们针对汇报会上北港镇领导的反馈意见和老师们的指导意见，继续对控规方案进行优化和调整。7 月 15 日，队员们将修改后的成果整理完毕，提交给了北港镇人民政府。

分队队长黎懿贤感慨道："当团队完成控规研究成果汇报并得到了当地政府的大力表扬时，大伙都洋溢着喜悦之情，这份肯定不仅是对服务队专业能力的褒奖，也是对队员们服务社会、服务乡村精神的一种肯定。我们会把这份精神传承下去，扎根实际，从问题出发，在工作中体现建规学子的专业素养与报国情怀。"

2019 年赴湖北省咸宁市通城县北港镇党员先锋服务队名单

指导老师：

王智勇　华中科技大学建筑与城市规划学院副教授

林　颖　华中科技大学建筑与城市规划学院副教授

何立群　华中科技大学建筑与城市规划学院党委副书记

徐新盛　华中科技大学建筑与城市规划学院辅导员

学生队员：

赵　爽　华中科技大学建筑与城市规划学院 2018 级硕士生

王梦圆　华中科技大学建筑与城市规划学院 2018 级硕士生

侯雪娇　华中科技大学建筑与城市规划学院 2018 级硕士生

黎懿贤　华中科技大学建筑与城市规划学院 2015 级本科生

吴　淳　华中科技大学建筑与城市规划学院 2015 级本科生

邹玥虹　华中科技大学建筑与城市规划学院 2015 级本科生

毛宸婷　华中科技大学建筑与城市规划学院 2015 级本科生

朱欣然　华中科技大学建筑与城市规划学院 2015 级本科生

张菀涵　华中科技大学建筑与城市规划学院 2016 级本科生

王雪妃　华中科技大学建筑与城市规划学院 2016 级本科生

盛心仪　华中科技大学建筑与城市规划学院 2016 级本科生

记录，是为了更好地传承

| | | | | | | | | | | | | | |

『红色历史，是我们拥有的财富』

"历史是最好的教科书。"

习近平总书记在主持中共中央政治局第三十一次集体学习时强调："红色资源是我们党艰辛而辉煌奋斗历程的见证，是最宝贵的精神财富"，"党的十八大以来，我到地方考察，都要瞻仰对我们党具有重大历史意义的革命圣地、红色旧址、革命历史纪念场所，主要的基本上都走到了。每到一地，重温那一段段峥嵘岁月，回顾党一路走过的艰难历程，灵魂都受到一次震撼，精神都受到一次洗礼"。

山西的地理位置特殊，地形地貌复杂，地势险要，自古被称为"表里山河"，是历代兵家必争之地。晋西北与陕西延安隔河相望，是抗战时期陕甘宁边区政府的东部屏障。当时，岚县是晋西北的心腹之地，素有"晋西北乌克兰"之称，是抗战时期晋西北地区的重要米粮仓；它北依管涔山脉，西南傍吕梁山，东直通北同蒲铁路，进逼华北抗日前线，西过黄河可达陕北根据地，战略位置十分重要，属于抗日战争的战略要冲和前沿阵地。岚县在抗战时期承担着保卫晋绥边区、保卫陕甘宁根据地、保卫陕甘宁根据地通往华北各抗战根据地地下交通线的多重重大任务，并为陕甘宁根据地提供粮食等一系列供给，为夺取抗战的胜利做出了积极的贡献。因此，岚县的红色资源极为丰富，价值极高。

岚县的红色历史，就是我们宝贵的精神财富。党的十八大以来，习近平总书记多次强调要用好红色资源、讲好红色故事、搞好红色教育，让红色基因代代相传。对于规划者而言，保护历史遗产，赓续红色血脉，是为新时代高质量发展凝聚磅礴力量的新途径。

2019年，华中科技大学建筑与城市规划学院（以下简称华中大建规学院）积极响应中国城市规划学会号召，将精准扶贫作为重要工作，形成由党委书记钱思和院长黄亚平作领队、何依老师和邓巍老师作技术指导，规划系、建筑系、景观系、艺术设计系学生为骨干的工作专班，先后四次进入革命老区岚县，探索以文化遗产为抓手进行规划扶贫。

6月17日至24日，华中大建规学院多名师生率先赴山西岚县进行为期一周的深入调研。在此期间，工作团队对岚县县域的乡村和古城及文物古迹展开深入的调研与座谈。实地踏勘和研讨之后，何依老师提出"复兴千年岚城、整合抗战记忆、升级土豆花海"的规划设想，并与当地政府达成共识。

中国城市规划学会石楠秘书长对华中科技大学团队的前期工作表示了充分肯定，为参与岚县精准扶贫的华中大建规学院授规划志愿者旗帜，并为各位队员颁发规划志愿者证书（见图1）。建规学院钱思书记进一步表示："扶贫团队将进一步集聚智力资源，致力于为岚县做好服务，长期提供技术支持，助力岚县振兴！"

● 图1　石楠为志愿者颁发证书

『接续发力，奔赴红色岚县』

2019 年 7 月，建规学院党员先锋服务队 2019 年赴岚县分队坐上了从武汉开往山西太原的火车。这次活动的主题为"追寻红色记忆，传承红色基因，弘扬民族文化"。

乘车途中，队员们对岚县的基本情况进行了梳理。他们在车厢里交流着，在"移动课堂"中温习红色历史。在中国浩如烟海的历史记录中，岚县是一个积淀了深厚历史与古老文明的地方。从太原转车后，还需要近三小时的车程才能抵达岚县。一踏上岚县这片土地，队员们就被浓厚的历史氛围包围了。这里的一砖一瓦，都仿佛在诉说着久远的故事，让人感受到岁月的厚重和历史的韵味。

7 月 10 日至 17 日，服务队针对岚县抗战时期的历史记忆进行了深入的调研（见图 2），以城市规划专业视角结合吕梁山区红色文化遗存现状，建构岚县红色文化保护结构，并提出县域红色文化空间整体修复方案，为县域红色记忆专项规划编制提供指导意见，因地施策、编制规划，助力岚县脱贫攻坚。

● 图 2　何依老师与村里老人亲切交谈

『在倾听中感受炽热岁月』

抗战时期，岚县人民同八路军等驻军一起用血肉之躯与日本侵略者进行了生死存亡的大决战。日军在岚县实行了一系列法西斯手段，如"三光政策""铁壁合围""坚壁清野""囚笼政策"等，妄图摧毁岚县人民的意志，制造了草子寨惨案、羊脑山惨案、木会事件等多起骇人听闻的惨案。与此同时，岚县军民筑起了令日本侵略者望而却步的防线：以白龙山、大沙塄、山神墕为依托的80里联防哨；开展了一系列反抗斗争，如明家庄阻击战、普明阻击战、杀猪崾战斗、漫川伏击战、夜抓南奇等；涌现出一批令人敬佩的抗日英雄，如程天长、翟白小、东信星等。

在这里，队员们随时记录村民们所讲述的故事。"记录口述历史，还原历史真相"，这不仅是党员先锋服务队的思想指引，更是队伍的行动指南。

70多年前，我们国家山河破碎，风雨飘摇，成千上万的普通百姓生活在战火的恐惧中；70多年后的今天，我们国家在站起来、富起来再到强起来的征途中不断迈进。

记录口述历史，就是铭记我们来时的路，只有明白我们从何处来，我们才能知道向何处去。郁达夫在纪念鲁迅大会上曾经说过："一个没有英雄的民族是不幸的，一个有英雄却不知敬重爱惜的民族是不可救药的，有了伟大的人物，而不知拥护、爱戴、崇仰的国家，是没有希望的奴隶之邦。"我们记录口述历史，正是要牢记老一辈革命者的丰功伟绩，让更多无名英雄被一代又一代的中国人景仰。

"关于岚县抗战历史记忆，除了为数不多的'有房子记录'的120师司令部旧址，还有一些散落在乡野中的孤零零的标识牌，如木会事件发生地、草子寨惨案、明家庄阻击战遗址……它们背后有着怎样不为人知的故事？这是需要我们去深入挖掘的。"何依老师对于探究历史故事的"真相"有着别样的执着。

在岚县文化和旅游局副局长苏新华的帮助下，队员们首先联系到了文史编辑部的丁茂堂老师和历史学家梁明旺老师，通过与他们的座谈，队员们基本了解了岚县在抗战时期的重要战略地位。丁茂堂老师拿出自己收藏的历史书籍笑着说："我想留住岚县和家乡的红色记忆。这些历史书籍为我们挖掘红色记忆、传承红色基因提供了重要史料。"

访谈中，丁茂堂老师谈及村子里发生的历史事件，心情很是沉重："草子寨惨案是岚县抗战史上最惨烈、最令人发指的事件，在这次大屠杀事件中，惨死者有170人，其中草子寨村149人；重伤者48人，轻伤留下性命者12人。草子寨村绝门28户，房屋烧毁800余间，大牲畜被烧死或抢走100多头。全村被洗劫一空……"随后，他带队员们前往草子寨幸存者——王志珍老人的家中，对老人进行了采访。

78岁的王志珍是草子寨惨案幸存者之一（见图3），那时年幼的他还没有多少记忆，所有的细节是二舅讲给他听的。王志珍老人向队员们描述着当时惨烈的场景。"当时天气十分寒冷，天寒地冻，草子寨村民有的刚刚起床，有的还在睡觉……草子寨很快被日军包围，有村民早起拉肚子，发现日军后，急向后山逃去，被开枪打死。听到枪声，村里霎时乱作一团。"老人哽咽着继续说道，"日本鬼子挨门逐户往外撵人，让出去开会，老弱病残幼等行动不便者，当场被刺刀捅死或烧死在家里。我家5口人被杀害了3个，我妈妈和我姐姐被刺刀捅死，我妹妹两岁，在炕上睡着，日本人用被子包住我妹妹，然后点着……我爹当时正吃饭，看见日本人来了，丢掉碗就跑，后来躲到沙棘丛里才幸免于死。我二舅来我家走亲戚，日本人叫去河滩开会，我二舅抱着5岁的我被赶着去了那里。"

"村里能走的男女老幼都被赶到了村前河滩的油坊圪洞。连同路上抓来的19人，总计230人，站成三列横队。汉奸们将每人浑身上下搜了个遍，企图得到什么证件，或者抓到共产党的什么重要人物，结果一无所获。敌人扑空了，包围草子寨的阴谋没有得逞，一切仇恨都向这些无辜的百姓发泄出来。整个草子寨村变成了火海。冲天的烈焰、翻滚着的黑烟笼罩着全村。日本鬼子烧杀完毕，又全部集合回河滩，将枪口和刺刀对准了200多条生命，一场血腥大屠杀便开始了。仅仅几个小时，草子寨便不复存在了……"

● 图3 队员们与草子寨惨案幸存者王志珍老人（前排左四）合影

　　大家静静地倾听着这段悲痛的历史，在一片寂静的空气中，大家的血液仿佛也被冻住，忍不住颤抖。那些痛彻心扉的故事，如同历史的烙印，刻在了每个人的灵魂深处。

　　除了王志珍，队员们还采访了87岁的木会事件见证人马文礼（见图4）、84岁的120师驻城见证人姚乃孩、87岁的明家庄战役亲历者王计有、92岁的闫家沟六烈士牺牲事件亲历者李世大等人。

● 图4 队员们与木会事件见证人马文礼老人（中间）合影

队员们还采访了历史学家梁明旺老师（见图5）。梁老师为队员们梳理了抗战时期岚县的三种抗战区域——敌占区、游击区和根据地。"在中国浩如烟海的历史记录中，如果没有特别留意，你很难知道在中国的晋西北、黄土高原腹地的吕梁山北麓，隐藏着一个积淀了深厚历史与古老文明的地方——岚县。"梁老师提及自己的家乡，非常自豪。

● 图5 队员们采访历史学家梁明旺老师

"在那个艰苦卓绝的年代，贺龙师长、关向应政委率领八路军120师整军安民，肃匪惩霸，巩固地方政权，广泛发动群众、组织群众，将岚县的广大群众集合于抗日民族统一战线的旗帜下……尽管当时抗日环境艰辛，但贺老总的乐观主义精神活跃着部队气氛，他带领着大家打篮球、开展体育运动，还成立了战斗剧社，编写歌剧、话剧、说唱等，并到各地甚至前线进行慰问演出，丰富了当时军队和边区的文化生活，极大地鼓舞了部队和群众的斗志。"

那些重述的瞬间让历史再一次鲜活起来，人们仿佛能够看见那些披荆斩棘的英雄，能够听见那些慷慨激昂的呐喊。它们不再只是过去的遗迹，而是重新焕发了生机和光彩。队员们都安静地倾听着，用心去感受那段炽热的岁月。

队员刘娇旸在日记中写道："一天的座谈和采访结束后，我感慨于抗战时期老百姓生存的艰难，也震惊于抗日战士们慷慨就义的英勇。抗战时期日军残忍地屠杀和迫害我国老百姓，手段残忍，毫无人性，令我内心久久不能平静。然而，对于这一段历史，我想我们要做的不是沉浸在悲痛与愤恨之中，而是将它铭刻在心底，激励我们前进。新一代的年轻人，不应被过去蒙住双眼，而应该向前看，成为民族的脊梁。我们应该做的，是切实地为这些地区、这些群众做些事情，让红色故事流传下去，让战斗精神延续下去。这也是党员先锋服务队此次山西之行的初衷。我们希望能在乡村、在历史事件的真实发生地，还原抗战故事，传承红色记忆。

对于从未经历过战争的我们这一代年轻人来说，想象战争的残酷是非常困难的，老人们的叙述给了我们一个还原历史的机会。通过他们的亲身经历、亲口讲述，我们得以了解那段动荡不安的历史，口述历史的珍贵之处也正在于此。经过今天的访谈，我真正意识到，在那个年代，每一个人都是战争的亲历者，每一个人都是和我们现在这个时代一样的平凡人。然而正是这样的平凡人、小人物，当时挺身而出，为抗战做了力所能及的事情。正是这样的小人物，成就了整个抗战时期波澜壮阔的故事。"

『 "为什么我的眼里常含泪水？因为我对这土地爱得深沉！" 』

调研过程中，最让人动容的是老人们对于这片土地的独特记忆。

当队员们聆听他们的表述时，仿佛置身于情感的海洋。不管是热泪盈眶的感动，还是发自内心的悲痛，每一次表述都是一场让队员心灵受到震撼的对话。

队员的调研报告中，记录了程米珍这位老党员对于八路军的绝对信任。

访 谈 报 告

访谈时间： 2019 年 7 月 16 日
访谈地点： 岚城镇城内村
采访者： 文晓菲
记录人： 陈丹
被访谈人： 程米珍（老党员）
被访谈人年龄： 84 岁

访谈记录：

采访者：当时贺龙部队来的时候，您多大呀，还记得当年的事情吗？

程米珍：当时只有 5 岁。

采访者：您见过日本人吗？

程米珍：日本人很坏，抢东西，经常问八路在哪里，还打人。

采访者：贺龙部队好吗？

程米珍：好，爱护人民。

采访者：贺龙部队怎么吃？

程米珍：人民提供。

采访者：八路军会帮人民吗？

程米珍：会帮人们干活，部队在外面住，不来打扰百姓。

采访者：日本人炸哪里呢？

程米珍：洋人开的学校被炸了。

采访者：有伤到人吗？

程米珍：人们跑到防空洞里，没伤到。

也有老村民时刻提醒队伍，不要忘记那段艰苦的抗战岁月。

访 谈 报 告

访谈时间：2019 年 7 月 15 日

访谈地点：界河口镇阴寨村

采访者：邓巍

记录人：邓康、李佳泽

被访谈人：高步云

被访谈人年龄：72 岁

访谈记录：

采访者：爷爷您好！我们是华中科技大学建筑与城市规划学院的师生，受中国科协委托来岚县做精准扶贫工作。这次来我们想要了解咱们村当年与抗日有关的事迹，希望把岚县的红色文化加以保护与利用，为革命老区发展助力。我们想和您聊一聊当年的故事。请问您今年多大年纪啦？

高步云：72 岁。

采访者：听说您是阴寨村的老村长，您应该对抗战历史比较了解吧？请问您知道岚县抗日临时政府在阴寨村驻扎了多长时间吗？

高步云：大概驻扎了一年，之后又迁往了界河口镇。

采访者：请问抗日临时政府迁过来的时候带了多少人？

高步云：大约一个排左右的兵力，他们大多数是从草子寨迁过来的。

采访者：请问抗日临时政府有哪些部门？

高步云：有县政府、公安局。

采访者：请问抗日临时政府的人员来阴寨村住在哪里？

高步云：他们住在老百姓家，老百姓非常拥护他们，给他们做饭，并且给他们腾出住的地方。

采访者：请问抗日临时政府曾经在对面的阳寨村驻扎过吗？

高步云：没有，阳寨村离大路太近，很容易被日敌发现。

采访者：请问抗日临时政府是什么时候迁到阴寨村的？

高步云：大概是 1942 年。

采访者：日本鬼子来阴寨村有过大屠杀吗？

高步云：没有，但每次日敌来阴寨村扫荡，老百姓都会躲到后山上的窑洞里避难。

采访者：那老百姓怎么得知日本鬼子来扫荡的消息呢？

高步云：在村口有一个龙王庙，里面藏有暗哨，一旦日本鬼子来犯，他们就会通知村民迅速撤离。

采访者：这山上的窑洞就是抗日临时政府原来的驻扎地吗？

高步云：是的，这里地势较高，比较隐蔽，不容易被敌人发现。

采访者：我看这里窑洞一共有三层，整体地势偏高，您知道当时抗日临时政府如何解决用水问题吗？

高步云：他们都是从山下靠人力一桶一桶把水挑上来后再使用。

采访者：现在这些窑洞有很多因年久失修而塌陷了，您觉得有没有必要加以保护？

　　高步云：这些窑洞是历史的见证，我觉得应该加以保护，有条件的话可以增设为红色旅游景点。这样可以让更多人，尤其是年轻一代了解我们国家那段抗战历史，从而更好地面对未来。

　　他们深知，历史的教训如同一面镜子，我们只有铭记战争的惨痛，才能避免重蹈覆辙。因此，他们用自己的亲身经历，用坚定的信仰和信念，将那段历史传承下去。岁月流转，但老村民的呼吁清晰而坚定：让我们铭记历史，珍爱和平！

　　队员们在普明镇停留了许久，多方寻访，无意间发现了曾经的农校。农校现已废弃，杂草丛生，甚至有的房屋屋顶已经坍塌。村支书向队员们介绍，农校如今是珍贵的文化遗产，吸引着众多的游客和热爱历史的人前来参观，如今农校即将租给个人创办私立中学，重新使用，想必在以后的岁月里，它将再创辉煌。

　　队员们继续寻找东河村的军械厂遗址、岚县飞机场旧址以及被服厂遗址。在司机的带领下，队员们顺利到了东河村，进了村以后根据当地村民的指引找到了军械厂遗址。军械厂遗址目前一半被开辟为村民居住的场所，另一半作为遗址保存着原来的状态。

　　队员们走入村民家中，询问他是否了解此地的历史，他所知甚少。后来队员们找到了东河村老村长王宝玉先生。老人今年 72 岁了，他说现在队员们看到的这个窑洞就是当年生产军械的地方，同时在西边有个四合院，为当年的被服厂。如今的被服厂一部分已拆，现存的遗迹得到了当地政府的修缮，变成了砖墙。

　　党员先锋服务队衷心地希望岚县的抗日战争遗址都能够像农校一样重新得到合理利用，再次绽放光芒。

　　7 月 17 日，赴岚县党员先锋服务队扶贫规划前期调研工作圆满结束，服务队 30 余人次，通过踏勘、访谈、测绘、文献阅读等方式获得了大量一手资料，为开展岚县规划扶贫提供了坚实基础。队员们走访了岚县的 8 个红色乡镇，采访了岚县抗战历史的 18 位相关人物，并逐个核实历史事件发生地的历史场景，走访了 19 座红色村庄。队员们通过多线索还原历史真相，完成历史纪念物的规划设计，为抗战英雄留英名，并进一步探寻红色记忆与乡村振兴的协同机制。岚县县委、县政府高度认可本次调研活动，当地老百姓也对这群追寻红色历史、挖掘红色记忆的年轻人表示出极大的热情。当队员们唤醒脑海深处的记忆时，他们倍感亲切；当他们重新感受到革命前辈们崇高的革命理想、坚定的革命意志和无畏的精神时，他们倍感温暖。对老一辈当地人而言，岚县的历史应成为不可忘却的纪念，每一个岚县人都应该从历史中汲取力量，坚定不移、奋勇向前。

为期7天的调研即将结束，队员们即将离开这片红色的沃土，离别之情在每位队员的心底暗暗涌动。

"为什么我的眼里常含泪水？因为我对这土地爱得深沉！"

队员杨瑞鑫在回校的报告中写道："离别时，我们才真正感受到这片土地对我们的影响、对我们的感染、对我们的牵绊。这里的土地见证着我们的脚步和汗水，这里的村民伴随着我们的点滴记录，每一个人、每一件事、每一处景，都扎根在我们的心里，成为我们无法割舍的珍贵回忆。我在心底默默地喊，岚县，我们还会回来的，我们会为了让你变得更美好而努力！"

『这份记忆地图，我们继续一块块拼完』

在抗战期间，岚县有不计其数的"小人物"付出了生命，相较于120师师长贺龙、加拿大著名医生白求恩等著名人物，这些普通人书写的历史更容易被人遗忘，因此团队尽力记录下抗战亲历者的口述历史，希望把这些零散的小故事串联成一个系统的"平民抗战史"，让更多的人了解岚县在抗日战争中发生的可歌可泣的故事，让这些抗战亲历者得到社会上更多人的关心和敬仰。因为正是他们这些"小人物"谱写了中国共产党在岚县抗战的"大故事"，这些故事应该被历史记住，这些故事应该被广泛宣传，并转化为乡村振兴的红色文化资源，为革命老区发展助力。

队员们下定决心，要以保护历史记忆、弘扬抗战精神为己任，结合专业特长，保护和改造抗战遗址，规划抗日主题文化旅游区，使抗日战争历史成为中华五千年历史长河中璀璨的精神明珠！由此，队员们提出了红色村庄规划设想，让红色记忆重现。

带队老师邓巍动情地说："我们当时听老人们的讲述，掉了好多次眼泪，一边流眼泪，一边想我们一定要为当地做点贡献，要不忘初心、继续传承和发扬红色文化，要激发更多的正能量，为这片土地注入新的力量和希望。"

回到华中科技大学 4 个月后，在何依老师的带领下，党员先锋服务队高质量地完成了《岚县古迹保护与利用总体规划》中的红色规划篇（见图 6 和图 7），助力岚县精准扶贫。

首先，队员们根据在山西岚县的调研情况，梳理了 5 个典型红色故事，整理出 15 份红色村落访谈报告、调研电子相册 3 份、30000 字的岚县红色记忆专题调研报告一份。队员们根据调研所见所得，绘制出 8 张岚县红色遗迹现状图纸，最终整理出岚县红色印象地图。

在对岚县古镇历史文化、周边遗产进行梳理分析后，团队开始着手岚县的红色规划。以原真性作为原则，团队对历史文化资源进行重点、分区、分类保护。在红色旅游特色分区规划中，团队为当地设计了"游击记忆体验区""红色文旅服务区""高山草甸生态区"等功能分区；在红色旅游特色线路规划中，团队进一步建构红色记忆场所点、线、面的空间保护利用体系，设置了"红色大历史游览之路""岚县抗战人记忆之路""高山根据地生态之路"三条特色路线。这些成果将为当地红色旅游发展提供新的思路。

同时，队员们对岚县 15 个村落提出红色记忆利用设想方案。

木会村是岚县典型的红色村庄。位于山西省吕梁市岚县西北部的大蛇头乡中部，位于省道 S313 南部，距其大约 1.6 千米。木会村北部隔着 S313 省道的是闫家湾村，距其约 2.1 千米，南部为富村，距其约 2.6 千米。其拥有优越的自然景观条件、极具乡土特色的牛羊畜牧业和木会事件这一红色历史记忆，队员们考虑将生态观光与红色学习相结合，设置体验式牧场、红色教育基地等场所。

● 图 6　岚县红色遗迹现状图纸

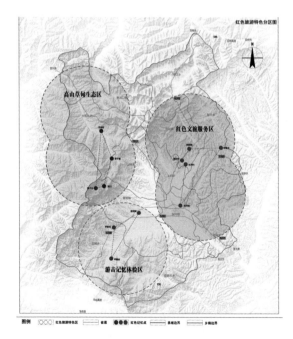

● 图 7　红色记忆传承设想

根据历史记忆,队员们设计重建木会村村口的五龙圣母庙与抗战时期的哨楼。五龙圣母庙是当地村民的历史记忆,哨楼可承担木会事件纪念馆或者景观瞭望台的功能。同时,队员们希望复原老村破损院落,修复破旧房屋。院墙可呈现岚县特色的"岚县干砌"风格。院落修复完成后,可承担红色教育培训基地、民宿等功能。

……

每一处遗迹都记载着一段峥嵘岁月,每一件文物背后都有一个可歌可泣的故事。

在村庄的角落里,红色的记忆静静地躺着,像是一块块不完整的拼图,等待着有人将它们拼接起来。现在,党员先锋服务队通过规划设计,为这些红色资源和场地寻找合适的归宿,让它们在村庄中占据有意义的位置,就像将拼图的每一片都放在正确的位置上,组成完整的图案。就这样,队员们慢慢将这份红色记忆的拼图拼完整,让它们在人们的心中留下永久的痕迹。

『助推实现"红色中国梦"』

队员们在岚县的时间虽然不长,但与70多年前的抗战历史有了充分的对话。记录口述历史,还原历史真相,队员们的工作虽然平凡,但记录下来的事情一点也不平凡。70多年前,有一群平凡的人,在面对日本侵略者的屠刀时,不屈不挠、顽强抵抗,他们当中很多人不为人知,可他们是真正的英雄!

何依老师非常自豪地介绍道:"我们抢救性地整理出一部'岚县口述抗战史',并提炼出'一条红线、三座古城、四类村庄'的全域规划,构建了'红色+古色+绿色'的共生模式。"从她口中,队员们获悉该岚县规划项目获中国科协定点扶贫年度唯一优秀项目,中国城市规划学会也荣获中国科协2019年度定点扶贫优秀工作单位,并向华中科技大学发来感谢信。

"这里太美了。在调研的路上，我们在河口乡王家村看到了土豆花。大家被眼前的美景所震撼——周边群山环绕，山上一座一座大风车悠然旋转着，大片大片的土豆花地，铺展到天边，三五妇人在地里耕种。抬头看向远山处，竟发现有一抹彩虹挂在空中。"队员文晓菲在日记中书写着对于此次调研的激动心情，"站在这片革命先烈用鲜血浇灌过的土地上，我们所感受到的不仅是对革命先辈的崇敬、对一段历史的缅怀，更是一份沉甸甸的责任和神圣使命的召唤。这更激发了我对这里红色历史文化资源进行探索的欲望。我想让岚县人更了解自己的历史，让外地人感受到岚县悠久的历史和厚重的文化，感受到岚县的美。"

队长杨瑞鑫表示此次岚县之行让他终生难忘："我感受到调查研究的重要性。调查研究是谋事之基、成事之道，没有调查就没有发言权，更没有决策权。通过调查，才能深入群众、深入实际，掌握一手资料。像在岚县，只有通过调查才能为它量身打造规划方案，才能以规划推动地方经济发展。"目前，杨瑞鑫已成为四川省成都市青白江区住房和城乡建设局四级主任科员（兼任天府新区永兴街道河山村副书记），继续在基层发光发热。

"虽然我们的乡村调研工作结束了，但我们对历史的挖掘还在继续。"队员张乐天表示将尽最大努力，向全社会弘扬主旋律，传递正能量，"我们在未来的工作中还会深入挖掘岚县的红色记忆，讲好岚县故事，将更多平凡而又伟大的红色故事讲给全社会的人听，尤其要讲给年轻一代听，让红色基因代代传下去。我有一个红色中国梦，那就是每个人都拥有我们国家的红色记忆。"

在为岚县规划扶贫的过程中，队员们提升了专业能力，增强了服务意识。之后大家无论是选择去基层工作，还是在规划专业领域深造，都怀着一颗炽热的传承之心，继续为乡村规划、为国家人居环境改善做贡献。

在 2023 年 3 月 10 日，中国城市规划协会公示的《2021 年度优秀城市规划设计奖获奖项目提名名单》中，《岚县古迹保护与利用总体规划——城乡文化遗产专题研究》荣获一等奖。同时，该项目也荣获 2021 年山西省城市规划设计一等奖。

这是团队助推岚县实现红色中国梦的重要一步。何依老师微笑着说："作为一名志愿者，我们所做的规划仅仅是岚县扶贫工作的起点，期待今后能有更多团队接力这项公益活动，投身到老区的建设发展当中。毕竟，红色历史是我们每一个人的宝贵财富。"

2019 年赴山西省吕梁市岚县党员先锋服务队名单

指导老师：

黄亚平　华中科技大学建筑与城市规划学院教授

何　依　华中科技大学建筑与城市规划学院教授

邓　巍　华中科技大学建筑与城市规划学院副教授

钱　思　华中科技大学建筑与城市规划学院党委书记

何立群　华中科技大学建筑与城市规划学院党委副书记

学生队员：

杨瑞鑫　华中科技大学建筑与城市规划学院 2018 级硕士生

文晓菲　华中科技大学建筑与城市规划学院 2018 级硕士生

陈　丹　华中科技大学建筑与城市规划学院 2018 级硕士生

邓　康　华中科技大学建筑与城市规划学院 2018 级硕士生

张乐天　华中科技大学建筑与城市规划学院 2019 级硕士生

刘娇旸　华中科技大学建筑与城市规划学院 2019 级硕士生

郭哲良　华中科技大学建筑与城市规划学院 2015 级本科生

李佳泽　华中科技大学建筑与城市规划学院 2015 级本科生

在"去不得"的大山中上好生态课

在贵州当地曾经流传这样一种说法：

——中国哪里最穷？

——要数"天无三日晴，地无三尺平，人无三分银"的贵州。

——贵州哪里最穷？

——要数许多人眼里的"贫中之贫"毕节。

——毕节哪里最穷？

——"纳威赫①"穷到"去不得"。

贵州省毕节市威宁彝族回族苗族自治县（以下简称威宁县）是建筑与城市规划学院教师管毓刚的故乡，这里是贵州省面积最大、海拔最高、人口最多的多民族自治县，曾是全国连片特困地区县、国家扶贫开发工作重点县、深度贫困县之一，也是我国最后一批脱贫的国家级贫困县。2021年，管毓刚带着党员先锋服务队的师生们回到家乡，儿时记忆中贫穷落后的山村如今已经大变样。

"向黔进初心不改，助振兴勇担使命，赴贵州毕节砥砺'黔'行队，出发！"喊着响亮的口号，服务队从学校出发，历经高铁、城际列车、汽车等数次换乘，8小时后，终于抵达威宁县。队员们一路舟车劳顿，感触颇深。乘汽车前往威宁县的路途中，平坦的柏油马路在沿途巍峨连绵的大山中蜿蜒前进，车子绕过一重又一重山，穿过一个又一个隧道，不禁让人

---

① "纳威赫"——当地俗语中的纳雍、威宁、赫章3个县。

感叹如今在大山中，基础设施建设竟已如此完善。打开地图，可以看到贵州省像蜘蛛网一样密集的路网。这样一个多高山峡谷、地理条件恶劣的省份，却实现了让全省每一个县都通上高速公路的目标，这是多么困难而又了不起的事情啊！

2021 年 7 月，党员先锋服务队毕节分队深入曾经的国家级深度贫困县威宁县，探访当地扶贫工作的成功经验和优秀成果，为盐仓镇与板底乡之间的百草坪生态旅游区进行生态修复规划，同时感悟脱贫攻坚精准帮扶的力量，感悟绿水青山就是金山银山的美丽中国，共上一堂行走的思政课堂。

『老工业小镇的"放弃"与"涅槃"』

村民们说："种地怎么会有未来？"

当地干部说："可以加入合作社进行流转承包！"

在猴场镇，队员们看到了一个老工业小镇果断的"放弃"与"涅槃"。猴场镇曾经以冶金、煤矿工业为基础，在生态保护和环境治理的倡导下，它毅然决然地走上了发展特色农业的道路。为了在时代的变迁中找准自己的发展定位，镇政府进行了一系列的探索，最终形成了以发展智慧农业为主、以发展旅游业等为辅的模式。

起步并不算顺利，很多老百姓看不到种地的未来，不相信政府提供的销路能真正给大家带来利润收益。经过几年的不断努力，以及其他村镇成功案例的实现，猴场镇的老百姓终于开始相信，并积极加入合作社进行流转承包。

通过与脱贫户的交流，队员们感受到了凝聚整个村镇的力量，即镇政府高度的执行力，敢于尝试、大胆探索的精神，让老百姓能放心地将自己的土地进行流转承包。这不仅是小家小户的团结、村镇的团结，而是在脱贫攻坚大政策背景下，全国人民的团结。

在猴场镇政府调研座谈中，杨帆书记为队员们详细介绍了贵州省对选调生政策的支持力度，以及基层对人才的渴望，同时强调了入党的庄严性和政治性，说明了在干部考核、提拔等考察环节，会着重检查入党流程规范，坚决杜绝"投机入党、关系入党"等情况，对干部的政治身份进行前置考核。

"组织入党一生一次，思想入党一生一世。如果不是下定决心将共产主义事业作为毕生追求，在基层还有很多难关需要过！"杨帆书记讲到自己在基层工作的故事，讲到他作为驻村干部，与贫困户同吃同住，用真心换真情。他用一组组精准数据、一件件扶贫产品、一个个动人故事，彰显了为人民服务的决心。

这样的故事还有很多。猴场镇的杨帆书记、陈诚镇长，黑石镇的邹渐书记，都是80、90后扎根基层的代表。他们放弃都市的繁华生活，回到人民、祖国最需要的高原深处。队员们在这些前辈的身上，深刻领悟到中国共产党的为民初心、中国新时代青年的报国决心。

『要"富口袋"，更要"富脑袋"』

村民们说："只要有钱就行！"

当地干部说："不行，要做有技术、肯劳动的新时代农民！"

曾经贫穷落后的山村如今大变样，高原大山深处的人民依仗住房保障、饮水保障、教育保障、医疗保障、基础设施建设、农业产业发展、民生保障建设等措施，过上了小康的生活。如今，这里贯通农村的串户入户路，串起了山乡千家万户小康路。党员先锋服务队先后走访了三家曾经的贫困户（见图1），还接触了大量农民和基层工作人员。村民们开心地向队员们介绍村里更加富裕了，曾经的梦想已经实现。

村干部的行动并没有止步于此，他们认为新时代需要培育训练一批有技术、肯劳动的新时代农民，让农民既"富口袋"，更"富脑袋"。村里时常开展农业科技人员大讲堂、田间地块培训会，着力培育新型农民，带动务工群众实现增收致富。同时，新时代的农民也主动要求进步。交流的过程中，队员们感受到了当地人民对美好生活的向往。基层干部怀为民之心、倾惠民之情，时刻把民生这件大事装在心里，访民情、解民忧、惠民

● 图1 走访脱贫村民

生，真抓、真干、真担当，汇聚百姓富、生态美的磅礴力量。回望脱贫攻坚之路，每一步皆是劈波斩浪、奋勇向前，不忘初心、苦干实干。

『没有健康、可持续的生态基础，哪来发展的资格与底气？』

村民们说："采矿赚得多啊！不能放弃！"

当地干部说："我们要从资源消耗型经济转向生态农业经济。"

猴场镇积极响应国家号召，由原来的以采矿为主的资源消耗型经济转向生态农业经济。镇政府在反复尝试下，探索出猴场镇独特的脱贫路子——"成立农业合作社，提高村民积极性""发展林下经济，开发精品果蔬，走智慧农业之路""制定防返贫监测机制"。百草坪旅游区规划就是当地生态农业经济发展的一项重要工作。

百草坪当时开发没有合理的规划，高山草甸草地类型生态薄弱，容易受到人为破坏。队员们到达身处板底乡与盐仓镇之间的万里百草坪时，马上发现不对劲：漫山遍野的蒙古包、堵满山路的私家车以及随处可见的垃圾，这一切都在诉说着当地脆弱的生态基础与人类犯下的"罪行"。队员

215

张帆说道："在来之前我充满疑惑，我印象中贵州山区的环境一直是独绝的高原风情，怎么会有生态脆弱之说？今天我才真正明白'绿水青山就是金山银山'的真谛——没有健康、可持续的生态基础，哪来发展的资格与底气？"

在生态脆弱、产业单薄的威宁县山区，一项旅游工程的改造也许就是带动当地创收的重要契机。队员们心中涌动着前所未有的热情和责任感，大家深知，服务队的设计虽然只是一个建议与方向，但也有可能为这片土地的人们提供一个发展的"良方"。

服务队队员们的确做到了，他们提出区域协调、共同发展的规划目标，打造"盐仓镇（乌江源、向天坟、茶马古道）—百草坪—板底乡（彝族风情寨）"旅游发展线路，为当地完成了百草坪旅游区提升规划与设计（见图2）。该规划以百草坪为纽带，结合板底乡、盐仓镇的旅游发展条件，挖掘各区域优势，推动区域旅游产业融合发展，发挥集聚效应以提升整体旅游吸引力。

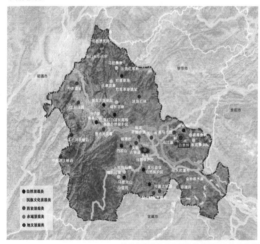

● 图 2　百草坪现状分析与旅游区提升规划

方案深化阶段，服务队在区域旅游规划的基础上，充分发挥成员个体优势，从规划、建筑和艺术设计三个专业领域出发，针对百草坪进行大、中、小多尺度的概念规划与方案设计，同时在生态技术上，提出"草地天坑，雨水收集""移动厕所，污水回收""生活餐余，中水处理""旅游垃圾，集中处理"四项原则，以解决缺水、污水处理、垃圾回收等问题。在之后的方案汇报中，队员们也针对百草坪停车、缺水、污水处理等方面的问题与旅投公司进行深度讨论，以期在后续优化中，更加精准地把握设计核心。百草坪驿站及视觉设计如图 3 和图 4 所示。

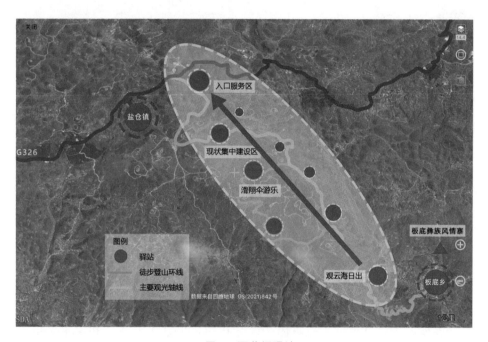

● 图 3　百草坪驿站

队员们还提出，当地在巩固脱贫攻坚成果、推动乡村振兴时，应当利用好自身自然文化资源，通过旅游产业发展带动乡村振兴。人若不负青山，青山定不负人。绿水青山和金山银山绝不是对立的，关键在人、在思路，要坚持在发展中保护，在保护中发展，努力走出一条生态优先、绿色发展的新路子。队员王秀颖表示："我相信，在广大群众和地方政府的努力下，一定能够开创百姓富、生态美的多彩贵州的新未来。"

● 图 4 百草坪驿站视觉设计

在实践中，队员们不仅巩固了设计技能，提升了专业认知水平，更在广大农村翻天覆地的变化中感受到"以人民为中心"的发展理念，体会到基层干部"晴天一身土、雨天两腿泥"的忘我奉献精神。队员时静说道："这次经历在我的心里埋下了一颗火种。我了解到祖国广袤的乡村大有可为，我们到贫困户家中、到田野、到山沟，了解村民的需求，寻找当地发展的痛点，设计节约环保的生态驿站点，进行旅游 IP 设计。我们践行着'两山'理论，将总书记绿水青山的嘱托落实在高山草甸上。未来我将努力成为有理想、敢担当、能吃苦、肯奋斗的新时代人民规划师！"

2021 年赴贵州省毕节市威宁彝族回族苗族自治县党员先锋服务队名单

指导老师：

陈　宏　华中科技大学建筑与城市规划学院教授

管凯雄　华中科技大学建筑与城市规划学院教授

管毓刚　华中科技大学建筑与城市规划学院教师

王　玥　华中科技大学建筑与城市规划学院辅导员

学生队员：

王庆伟　华中科技大学建筑与城市规划学院 2018 级本科生

张　帆　华中科技大学建筑与城市规划学院 2018 级本科生

时　静　华中科技大学建筑与城市规划学院 2018 级本科生

符博涵　华中科技大学建筑与城市规划学院 2019 级研究生

王秀颖　华中科技大学建筑与城市规划学院 2020 级研究生

黄　潇　华中科技大学建筑与城市规划学院 2020 级研究生

用"两支笔"在临沧上好振兴课

| | | | | | | | | | | | | | | |

7月16日至23日，华中科技大学建筑与城市规划学院（以下简称华中大建规学院）党员先锋服务队临沧分队围绕"党旗领航重温红色精神，设计下乡助力乡村振兴"的实践主题圆满完成各项工作任务。这是2021年暑期华中科技大学派出赴对口帮扶地云南临沧完成社会实践的第一支队伍。

在为期一周的实践中，队员们牢记习总书记的嘱托，与祖国同行，为人民奉献，深入乡村一线调研走访，用"苦干实干"和"鼓舞精神"之笔描绘出临沧市临翔区乡村振兴的美丽画卷。

『在"回顾脱贫"和"展望振兴"中启航』

在服务队到达临沧后，临沧市临翔区委书记蒋世良和一级巡视员尚东红先后看望党员先锋服务队队员。蒋世良表示华中科技大学对临翔区长期以来的对口帮扶大力支持了临翔区的脱贫攻坚工作，他希望党员先锋服务队能够继续在乡村工作上发挥专业力量，助力乡村振兴。尚东红讲道，在"十三五"规划期间，临沧市开展了"万名干部规划家乡行动"，将数据应用与乡村振兴有效结合，实施精细化管理，推动区域经济发展，巩固脱贫攻坚成果。

在临翔区副区长姚坦的带领下，服务队参观了华中科技大学临翔科技创新研究院，深入了解了华中科技大学在临翔区的多项扶贫成果（见图1）。其中，余龙江教授团队在艰苦的环境下数年如一日地坚守，助力临沧市脱贫攻坚的奋斗故事令队员们动容。

华中科技大学临翔科技创新研究院的科研扶贫事迹，为队员们上了一堂生动的党课。队员们在学习中深有感触，范在予表示这次党员先锋服务队的服务内涵具有"回顾脱贫"和"展望振兴"双重意义，是对我们挖掘问题、分析问题与解决问题能力的考验。

● 图 1　党员先锋服务队参观华中科技大学临翔科技创新研究院

『用"苦干实干"之笔描绘乡村蓝图』

服务队队员用脚步丈量广袤乡村大地，用画笔记录乡村发展脉络。他们针对乡村脱贫后发展所面临问题的摸排探底调查和乡村振兴背景下提升设计两个关键问题开展实地调研。经过与当地干部的深入交流，他们分为五组在临翔区博尚镇永和村、章驮乡勐旺村、忙畔街道丙简村、马台乡平河村、圈内乡斗阁村有序开展全域实地踏勘、党员干部座谈（见图2）、村民问卷调查、产业经济采访、特色资源梳理等调研工作。

驻村期间，服务队完成了一日一专题、一日一总结的摸排探底调查，21名服务队师生共计走访30个自然村组，累计行程达541.6千米（见图3），访谈155人次，形成8万字的调研小结，总工作时长达248时。

● 图 2 党员先锋服务队与当地干部开展座谈会

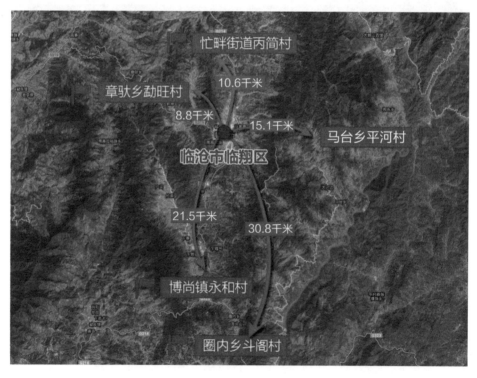

● 图 3 服务队调研走访行程全记录

『用"鼓舞精神"之笔书写时代风貌』

乡村振兴，首先要振民心。调研期间，队员们访谈了当地的干部，并且与村民们进行了交流（见图4和图5）。当地干部不辞辛劳、一心为民的拼搏精神，以及村民们砥砺奋进、勇敢向前的奋进意识，深深打动着队员们。各调研小组深入挖掘、了解村情，探寻乡村振兴发展路径，倾听着发生在一瓦、一墙、一隅后的动人故事。

● 图4　服务队队员访谈博尚镇永和村村干部　● 图5　服务队队员询问村民实际生活困难

"我要报考华中科技大学！我要回报家乡！"在访谈中，队员们遇到了临翔一中毕业生康某。康某生活在博尚曼莱湖畔的永和村，这里享有"中国传统村落"的美誉。被问到为什么要报考华中科技大学时，他这样回答队员们："李元元校长特意来看望我，鼓励我一定要坚持学习，我可崇拜他了，我也要成为华科的一份子！"在深入沟通后，队员们了解到，康某家境拮据，自小父母就不在身边，在上学读书的同时，还要照看年迈的老人，因此他的生活和学习一度陷入困境。令人欣慰的是，在村党支部的帮助下，他得到了公益基金的资助，老人也得到了政府的救济，一家人的生活已经回到了正轨。

"我们既获得了丰富的一手资料，又收获了来自村民最朴实的感动。"收到手捧花的队员刘思杰许久不能忘记在勐旺村生活的这段时光，这捧花是傣族小朋友亲手采摘的！勐旺村是一个独具民族特色的傣族村寨，这里依山傍水、景色秀丽、寨风淳朴。在拜访傣族缅寺时，僧人热情地接待了队员们，"不问出处，来往皆朋友"，僧人对生活的热爱给队员们带来了极大的震撼（见图6）。五天的调研走访接近尾声，在与盛装打扮的傣族村民欢歌起舞之后，队员们带着对当地风土人情的留恋继续出发。

● 图6　和章驮乡勐旺村缅寺僧人座谈

服务队也偶然遇到了耿虹老师过去曾经资助但素未谋面的俸某。在交谈中得知，他毕业后选择了回到家乡，回到脱贫后的村寨。他表示，在求学过程中获得的社会帮助，使他在感受到浓浓爱意的同时，也意识到社会赋予的一份责任担当。他希望能够将这份爱心和希冀传递下去，用自己学到的知识，为家乡的发展贡献自己的力量。队员们深深感受到，无论是走进乡村的学子，还是在外学成归来的大学生，中国的年轻一代正在用自己的热情和力量为乡村振兴发展注入新的活力，注入中国希望！

忙畔街道丙简村是南北过往商客的必经之地，村民栖水而居，房屋依山而建，具有多样的村寨形态和多民族融合的文化特色（见图7）。这里的村民认为乡村振兴一定要重视教育，只有教育先行才能真正实现乡村振兴。在党的领导下，如今的丙简村瓜果飘香，旧貌已换新颜，丙简人对家乡发展的美好期望与憧憬以及他们脸上洋溢的笑容，让队员们深受感动与激励（见图8）。

● 图 7 服务队员在忙畔街道丙简村调研走访

● 图 8 服务队员在忙畔街道丙简村收集村民诉求

马台乡平河村曾是一个深度贫困村，在脱贫攻坚过程中，省公安厅与平河村结对，进行帮扶，如今这里山脉绵亘、花红果硕，已经摆脱贫困面貌，正在全力实现乡村振兴。在调研过程中，驻村干部带着队员们逐个村组、逐户人家地走访调查，详细介绍村庄的发展情况以及村民的相关情况（见图9和图10）。天赋美地、资源无双，平河村的美景与人情一直都在，却"养在深闺人未识"，这使队员们深切地认识到道路交通对乡村发展的重要性。干部的亲切、认真、负责，村民的淳朴、热情、细腻，无一不让队员们动容。

● 图9 服务队员在马台乡平河村田间调研

临翔门户，玉带明珠，雾龙竹海，寿山云端，是圈内乡斗阁村的真实写照。队员们走遍了斗阁村下辖的十几个自然村以及村庄内各个重要节点，如斗阁大寨、雾龙山、玉带河、茶厂、烤烟厂、敬老院、斗阁中学、杨家祠堂等。村民们热情好客，对服务队的工作大力支持（见图11）。在这里，有独自抚养6个孩子的年轻妈妈，也有不离不弃地赡养老人的佤族夫妇，还有感恩国家大好政策的年迈老人，他们日子过得踏实，脸上时常带着幸福的微笑（见图12）。

● 图10　服务队员在马台乡平河村调研走访

● 图11　服务队员在圈内乡斗阁村调研走访　　● 图12　圈内乡斗阁村村民喜获丰收

　　在行走的课堂中，队员们真真切切地了解到乡村发展的时代契机、区位优势和资源禀赋，深刻认识到临翔未来可期，乡村振兴大有作为。"实践过程中指导老师的言传身教与人格魅力、同行同学对待专业的执着与较真、基层工作者的无私奉献与殷切情怀、老百姓鼓舞干劲奋发向前的姿态令人动容。这段经历也让我更加坚定了自己的方向！"队长崔澳选择继续攻读研究生，以乡村振兴作为自己的研究方向。未来，华中科技大学与临翔区的故事仍在书写，校地心手相牵的佳话也将继续流传。

2021年赴云南省临沧市临翔区党员先锋服务队名单

指导老师：

耿　虹　华中科技大学建筑与城市规划学院教授

何立群　华中科技大学建筑与城市规划学院党委副书记

乔　晶　华中科技大学建筑与城市规划学院教师

赵　爽　华中科技大学建筑与城市规划学院辅导员

学生队员：

崔　澳　华中科技大学建筑与城市规划学院2017级本科生

刘思杰　华中科技大学建筑与城市规划学院2017级本科生

余春洪　华中科技大学建筑与城市规划学院2017级本科生

左沛文　华中科技大学建筑与城市规划学院2017级本科生

林心仪　华中科技大学建筑与城市规划学院2017级本科生

翟　薇　华中科技大学建筑与城市规划学院2018级本科生

吴雯馨　华中科技大学建筑与城市规划学院2017级本科生

钟　田　华中科技大学建筑与城市规划学院2017级本科生

李佳泽　华中科技大学建筑与城市规划学院2020级硕士生

武　丹　华中科技大学建筑与城市规划学院2020级硕士生

缪文婕　华中科技大学建筑与城市规划学院2020级硕士生

熊志鹏　华中科技大学建筑与城市规划学院2020级硕士生

王建超　华中科技大学建筑与城市规划学院2020级硕士生

李　玥　华中科技大学建筑与城市规划学院2017级博士生

李佳佳　华中科技大学建筑与城市规划学院2019级博士生

范在予　华中科技大学建筑与城市规划学院2019级博士生

杨　龙　华中科技大学建筑与城市规划学院2020级博士生

在一盏马灯的映照下上好历史课

| | | | | | | | | | | | | | |

山有故事，河有传奇，遵义这片热土，埋着数不清的红色火种。

遵义是贵州省第二大城市。1935 年，红军长征在此转战 3 个月，彪炳史册的遵义会议在这里召开，四渡赤水出奇兵的传奇在这里流传，毛泽东也在这里挥毫写就了"雄关漫道真如铁，而今迈步从头越"的传世名作。2015 年 6 月，习近平总书记到贵州考察，第一站就来到遵义，习总书记强调，"我们要运用好遵义会议历史经验，让遵义会议精神永放光芒"。在建筑与城市规划学院规划系教师林颖、鲁仕维、辅导员庞灿楠的带领下，服务队来到了遵义这片红色热土，在寻访中重温红色记忆、感悟红色精神。

『"遵义，我每年都要来一次"』

去往遵义的高铁上，队员们遇到了佩戴"光荣在党 50 年"纪念章的老兵阿姨，遵义是她父辈奋斗过的地方，她每年都要来一次。随着高铁在大山中穿梭，她向队员们讲述了"一盏马灯照亮红军征途"的故事。老阿姨动情地说："很难想象，如果没有那个亮起一盏马灯的夜晚，红军与中国革命的命运会是怎样的。"队员们认真地听着，更加感受到中国共产党一路走来的不易。

到达遵义苟坝村后，队员们惊喜地发现，入住的每间宿舍里都放置了一盏马灯。1935 年，苟坝春夜崎岖狭窄小道上的那盏马灯照亮了红军的征途。2021 年，队员们在明亮的马灯下，仿佛看到了当年中国革命那团炽热的火焰。

『怎样在新时代讲好红色故事？』

在遵义会议会址，队员们进行了参观学习，回顾了被称为"中国共产党历史上生死攸关的转折点"的遵义会议的历史故事；在苟坝会议会址与苟坝会议陈列馆，队员们重温了"一盏马灯照亮红军征途"苟坝会议的故事，深刻体悟了"坚持真理，顾全大局"的苟坝会议精神；在四渡赤水纪念馆，队员们重温了"中国革命战争史上以少胜多、变被动为主动的光辉典范"四渡赤水的历史故事，亲临赤水河上感受当年烈士们英勇抗争的豪情。"四渡赤水出奇兵"，毛泽东同志卓越的军事指挥才能、红军"不怕任何艰难险阻、不惜做出一切牺牲"的精神与人民群众的强大力量在生动的历史画卷中展现得淋漓尽致。

队员黄立阳带头对当地游客展开了采访，调查游客视角下的苟坝红色旅游发展情况（见图1）。队员李湘铖、陈银冰拿起话筒，录制"党员带你看遵义会议""党员带你看苟坝""党员带你看四渡赤水"宣传视频，通过自媒体发布，以人们喜闻乐见的方式传播红色文化（见图2）。

● 图1　队员黄立阳采访苟坝游客　　　● 图2　录制"党员带你看苟坝"视频

马灯是照亮历史的灯。队员们身着红色队服，在马灯的光亮下，开展了一场难忘的学习会（见图3）。结合重走红色足迹的感悟，队员们重温了习近平总书记在庆祝中国共产党成立一百周年大会上的重要讲话精神。林颖老师结合红色精神、专业实践与个人感悟，鼓励大家在专业学习中"以理服人、众人合力"，在规划实践中"抓住主要矛盾、以人为本、因地制宜"，在策略决断中"挖掘本质、及时纠偏"，大家共同探讨了如何将这些精神和方法如何运用到学习之中，以及如何将其发扬光大。这场马灯学习会仿佛连接了历史与现实。

● 图3　党员先锋服务队遵义分队马灯学习会

『青年返乡开启"新长征"』

在遵义调研中，队员们结识了返乡创业青年陈义兵，他利用当地养殖的土鸡和特色手工艺品盐子，创立了"苟坝印象"餐饮民宿。他兴奋地跟队员们讲述，希望未来能够在餐饮民宿中融入更多乡村特色文化，增加游客的记忆点，打响文化品牌，将他的特色餐饮推向全中国，带动全体村民共同富裕。

在"花茂人家"工艺坊，非遗传承人张胜迪用纸浆书写了遵义人最朴素的情怀，她希望年轻人能够多多参与乡村建设，将乡村产业的基础做扎实。

调研过程中，队员们还遇到了好几个像陈义兵、张胜迪这样的人，他们将当地特色、历史文化与乡村产业相结合，探寻新时代乡村振兴的道路。"作为新时代的新青年,我们不仅应该学习老一辈革命家的革命精神,勇于奉献、坚持真理,也应该学习乡村创业者的实干精神,扎根一线、敢于创新,将理论与实践相结合,尽自己所能为家乡的建设添砖加瓦。"队员邵泉灵如是说。

『这个"研讨桌"有点烫』

本次实践的另一主线是"设计下乡",服务队前往遵义市红花岗区金鼎山镇莲池村驻村 7 日,义务完成了《金鼎山镇莲池村村庄规划(2021—2035 年)》概念性规划方案。

贵州省遵义市红花岗区人民政府副区长李茂双对服务队表示欢迎,并大力帮助队员开展工作,为实践活动的顺利开展提供了有力保障。他指出,在"十四五"规划开局之年,巩固拓展脱贫攻坚成果,积极抢占乡村振兴发展先机,是当前乡村工作的重点和方向,合理有序的发展和建设尤其需要规划引领、全盘统筹。

莲池村拥有省级样板坝区,具有良好的发展基础,服务队的规划成果将为地区通盘考虑村庄土地利用、产业发展、居民点布局、人居环境整治、生态保护和历史文化传承等各方面提供智力支撑,当地政府希望服务队编制出体现新时代要求、彰显地方特色的样板方案,为全面推进乡村振兴、共创美丽多彩红花岗贡献力量。

7 月 13 日,服务队抵达遵义后,随即启动了规划编制准备工作。在遵义市红花岗区自然资源局、遵义市红花岗区金鼎山镇人民政府、莲池村委会的支持与配合下,服务队队员们顺利开展了资料收集、现场踏勘、村居测绘、座谈访谈等工作,深入了解了莲池村况村貌和民风民情。

有一天,经过一处农田时,鲁仕维老师突然萌生了一个规划构想,服务队停下脚步,就地取材,在路旁的汽车发动机盖上铺上图纸。老师与同学们随即在图纸上明确道路情况和用地现状,讨论着功能分区,丝毫不在意被火热的阳光晒烫了的"研讨桌"(见图 4)。

● 图 4　队员们在踏勘调研

在走访中，一位 70 岁的老人忧心忡忡地问："乡村发展一定要把老房子拆掉吗？那是我的根呐！"还有一位村民大叔非常激动地说："当时大家都种了大棚菌菇，现在土地板结了，种的菇都死了，这让我们怎么办？"村民们的话让队员们陷入了思考：乡村到底需要什么？对于乡村振兴，我们真正能做什么？队员陈银冰感慨道："走出校园才体验到，我们的每一笔、每一个数字都关乎村民们实实在在的利益，一点儿也马虎不得。乡村发展这些问题的答案，不是坐在教室里想出来的，也不是在文献资料里找出来的，而是真正身入心至百姓家中、田间地头探索出来的！"

7 月 17 日至 19 日，队员们在村委会集中绘制图纸，高效进行村庄规划方案的编制。其间，服务队召开了多次交流座谈会，和村委工作人员、地方专业人士、村民代表进一步交流讨论，倾听他们的心声，将他们的希冀绘入图纸。

『他们被称为"770 队"』

7 月 19 日下午，规划成果汇报会在金鼎山镇莲池村村委会召开（见图 5）。林颖老师介绍了方案，他指出，在国家乡村振兴战略下，国土空间规划体系中的实用性村庄规划应当注重系统性、易读性、特色性和落地

● 图 5　规划成果汇报会现场

性。随后，他从工作背景、莲池印象、目标定位、国土空间格局、设施要素支撑、重点产业引导、村居设计引导和政策保障建议等八个方面为莲池村发展提出了规划建议。村委会工作人员对服务队的工作表示感谢，他们期待在规划引领下，莲池村蓝图早日实现，莲池村未来更加美好。

　　服务队在遵义奋斗的每个夜晚都有马灯的陪伴，正如林颖老师所说的："也许这就是中国共产党作为学习型政党，倡导大家主动学、实践学的要义所在吧！到了莲池村，面对祖国大好河山、倾听百姓真实声音，自然就会激发自己内心的干劲，激发作为一名党员永葆先进性和纯洁性的动力。"

　　服务队用 7 天时间，为村民完成了一份长达 70 页的高质量报告，因此被当地人们亲切地称为"770 队"。返校后，服务队队员们深化实践成果，形成了《基于国土空间规划的乡村振兴策略——以遵义市金鼎山镇莲池村为例》调研报告，该报告被选入《青春力行之国情观察》一书之中。

　　队长李湘铖就是遵义人，这里不仅是他的故乡，也成为他重要的社会课堂："我的第一次社会调研就是三年前在遵义开展的。我记得那时的遵义正如火如荼地推进脱贫攻坚战，那一次的经历让我认识到了家乡在脱贫上的努力。在与当地困难群众交流后，我当时觉得脱贫很困难，毕竟在遵义市有几十万人需要脱贫。第二次去遵义开展调研是脱贫攻坚战的收尾阶段。第三次调研已经是 2021 年年中，脱贫攻坚战已经取得圆满胜利。可以说，人们从埋头狠干变成了笑着向前走，大家敢于展望未来，从心底相信通过党的领导以及自己的努力，能够创造一个美好的世界。这是一种由内而外散发的希望，也是让我感触非常深的地方。"

在遵义的实践调研让队员们意识到了一名规划人、一名党员的责任与担当。陈雨辛、陈银冰、李湘铖等撰写的《转折·延续，于历史与未来汇合时再逐长征光芒——关于重走赤水长征路探寻沿线发展的调研》获评第十七届"挑战杯"全国大学生课外学术科技作品竞赛红色专项活动全国一等奖。如今他们继续在革命老区进行红色寻访，学史力行！

2021 年赴遵义党员先锋服务队名单

指导老师：

林　颖　　华中科技大学建筑与城市规划学院副教授

鲁仕维　　华中科技大学建筑与城市规划学院副教授

庞灿楠　　华中科技大学建筑与城市规划学院辅导员

学生队员：

李湘铖　　华中科技大学建筑与城市规划学院 2017 级本科生

陈银冰　　华中科技大学建筑与城市规划学院 2017 级本科生

肖美瑜　　华中科技大学建筑与城市规划学院 2017 级本科生

邵泉灵　　华中科技大学建筑与城市规划学院 2018 级本科生

黄立阳　　华中科技大学建筑与城市规划学院 2018 级本科生

李卓起　　华中科技大学建筑与城市规划学院 2018 级本科生

与村民共谈东河村的"八个梦想"

| | | | | | | | | | | | | | | |

2022 年 7 月 13 日至 20 日，党员先锋服务队东河分队（以下简称东河分队）在指导老师耿虹、乔晶、乔杰，辅导员赵爽的带领下顺利完成了对孝感市孝昌县东河村的调研工作。东河分队以孝昌县东河村为调研实践地点，采用问卷调查、文献调研、访谈调查、实地考察等调研方法，结合建筑质量风貌评估与航拍视角的空间分析方法，获得了巴石村、十里村和黄城村自然本底、公共服务设施、建筑质量评估、社会经济发展情况等翔实的基础资料。

本次东河分队的活动得到了华中科技大学驻东河村工作队的大力支持，驻东河村第一书记、工作队队长马向阳，副队长张绍浩，工作队柳杰老师鼓励服务队立足于提升乡村人居环境、建设宜居宜业和美乡村的工作目标，责任以行，深入乡野，以昂扬的姿态迎接未来几天的乡村调研与规划设计工作，让党的旗帜高高飘扬在基层一线。图 1 为东河分队与驻村干部合影。

『三访东河——队员们的认知有了哪些变化？』

这次实践是东河分队第三次前往东河村。队员们带着思考了解乡村，带着问题返回乡村，带着准备走进乡村。2022 年 3 月和 5 月，团队师生通过现场调研和后期收集基础资料了解了孝昌县东河村的概况，同时进行了不同主题方向的规划设计构想。这一次，团队将重点带着对乡村土地问题、乡村社区公共空间重构问题、脱贫后现状发展问题、数字乡村建设问

● 图 1　东河分队与驻村干部合影

题的思考继续走访 15 个村湾，反馈现状发展中的不足，探讨乡村振兴的新路径。

队员们在调研路上结识了返乡创业青年企业家左佐。将家乡发展和自身发展相结合是左佐返乡创业的出发点。大学毕业后左佐一直在武汉从事旅游管理工作，随着这几年家乡人居环境发生巨大变化，他意识到农业振兴是乡村振兴的重要支撑，在带动敦厚村阳光玫瑰葡萄种植和生态园发展的同时，还要带动周围群众就业，拓宽地方农业旅游产业发展路径，助力共同富裕。

指导老师乔杰表示，返乡创业青年笃定的目光背后是他们用行动和理想勾勒的对家乡变化和发展的思考。这些返乡青年在平凡或不平凡的岗位上为家乡产业发展贡献着自己的知识和力量。人才振兴是乡村振兴的动力源泉，而青年返乡是人才振兴的希望。

『乡村寻访——中国农村属于谁?』

在田野学习中,队员们发现冷家畈一位大爷家里安装了监控摄像头,大爷说:"这是儿子给我安装的,他们想我的时候就能从摄像头里面直接看到我。现在路也通了,逢年过节他们就会带着孙子回来看我,村里的日子可比城里更舒坦!"在大爷的讲述中,队员们看到了不一样的乡村:脱贫攻坚、对口帮扶工作真正让乡村变得适老、宜居;互联网为乡村注入新的活力,相隔千里的亲人也能通过新技术时时"见面"。

在指导教师乔杰的引导下,队员们惊奇地发现,村里老宅子的牌坊形制统一,内容各异,却都凸显着"集体"的荣光(见图2)。它们像是无言的古书,默默守望着村庄,也将村庄的精神诉说给一代又一代的后人。

● 图 2 东河村老宅门前形制统一的牌坊

10年来乡村建设扎实推进,动力电、硬化路、4G网基本实现村村通,农村卫生厕所普及率超过68%,建立了城乡统一的居民基本养老、基本医疗和大病保险制度。乡村空巢老人不仅基本生活得到了保障,文娱休闲生活也丰富了起来。当聊到村口广场的使用率时,大爷高兴地表示,一年365天,除去下雨的日子他有近300天会到村口的文娱广场健身锻炼、玩耍聊天。

在黄城村的调研过程中，队员们认识了一位老爷爷。他家中养了一头黄牛，每天上午天气开始炎热的时候，他将牛带到树林里乘凉，等到太阳落山后，他牵牛回田里吃草。访谈结束后，队员们主动提出跟随爷爷前往田中放牛，难走的土路让队员们手忙脚乱，爷爷在坡地陡坎处主动扶着队员们，等着大家一起走。村中许多老人都是如此，他们无法进行高负荷的体力劳动，只能种些菜或养头牛打发时间，享受"城市后花园"的闲适时光。

在调研途中，团队偶遇华中科技大学医药卫生管理学院前来开展实践工作的师生们。两支实践队伍进行了交流沟通，一方面感受到了华中科技大学各学院对东河村帮扶工作的重视，另一方面达成了学科交叉、双方联动的共识，制订了乡村村民健康方面的调研合作计划。

调研交流会中，队员黄心怡提出"乡村的老人究竟是因为外部因素无法前往城市，还是自愿居住在乡村"的问题，引发了队员们的热烈讨论。队员熊洋认为，一些乡村的老人已经住上了钢筋混凝土的新房，生活条件很好，在这里他们有聊得来的熟人，因此不愿意前往城市。但是队员马嘉彬有不同的看法，他认为孩子们都远离乡村定居城市，村里的老人一定是想念孩子的，但是又不愿给孩子增加负担，也不愿囿于城市冰冷的环境，他们并不是不想住在城里，而是乡村的乡土性与地缘性构成的强大引力将他们定在了这里，他们热爱这片土地，离不开这片土地。诚然，二十年后的乡村会发展成什么样，我们不得而知，但今天的乡村是属于从小到大仍愿意生活在此的老年人的。

『振兴圆梦——东河村村民的八个梦想』

东河分队分为3组，深入东河村的3个自然村、15个村湾，与村民开展面对面访谈，针对村民的家庭基本情况、耕地使用现状、日常活动空间、生活现存困境等多方面进行入户摸底调研。随后团队集中召开了调研分享会议和规划设计构思会议，进行了详细而充分的总结交流，并针对东河村现状，探讨其发展的难题与后续规划整治的目标。

习近平总书记曾说，"我们都在努力奔跑，我们都是追梦人"。本次实践中，东河分队队员们十分关注村民的诉求，以及脱贫前后东河村村民梦想的完成度。

队员们通过调研和访谈了解到，东河村村民第一个实现的是温饱梦，在党的坚强领导下，驻村工作队紧紧团结和依靠广大干部群众，努力克服困难挑战，全村各项事业取得了巨大的进步；第二个实现的是让孩子有一个好的学校、就近上学的教育梦，随着农村教育政策全面落实，东河村实现了教育均衡发展，幼儿园、小学、中学等教育设施布局合理；第三个实现的是让农民有文化活动场所的文化梦，东河村已建成多个文化活动场所，东河分队队员们还与村民一同观看了"院子电影"，体会到了村民精神的富足；第四个实现的是村庄有良好环境的环境梦，提起现在乡村发展的新面貌，村民高兴地告诉我们，在华中科技大学的对口帮扶下，村里的道路、房屋、环境发生了翻天覆地的变化，村口的小广场成为大家茶余饭后话家常最喜欢去的地方，而"厕所革命"给村民的日常生活带来了极大的便利；第五个实现的是健康梦，东河村很多老人有高血压、糖尿病、冠心病等慢性疾病，之前他们只能到花园镇去开药，很不方便，现在他们在村口的卫生室就能买到这些药物，并且医保为他们节省了很大的买药开销；第六个实现的是出行梦，自乡村振兴战略实施以来，村里的道路硬化率不断提升，主干道路实现了沥青、水泥全覆盖，从东河村前往花园镇的时间缩短了多一半；第七个是通信梦，村委会大力推行数字入户，东河村家家通了互联网，还有不少家庭加装了摄像头，他们足不出户就能与外地的子女视频通话；第八个是知识梦，在农闲时间里，村委会组织老人们上课学习，让他们领略大千世界、学习知识，让小小的东河也与地球村"接轨"。

调研期间，华中科技大学驻东河村第一书记、工作队队长马向阳向队员们介绍了华中科技大学"百校联百县"高校服务乡村振兴行动之孝昌县扶贫和振兴工作的开展概况。华中科技大学高度重视扶贫工作，在投入各类扶贫资金的同时，每年派出多批干部、专家和学生到扶贫点开展工作，以治理扶贫、规划扶贫、消费扶贫等多种形式助力乡村振兴。

孝昌县属于大别山革命老区，在国家脱贫攻坚政策帮扶下，老区社会经济和群众生活发生了天翻地覆的变化，乡村振兴战略实施正当其时。指导老师赵爽说："我们当代青年不仅是追梦人，也是圆梦人。作为党员先锋队带队老师，我既要通过亲身实践、教会学生怎么做，更要告诉他们这样做的方向和意义。党员先锋服务队活动为青年学生的理论实践提供了绝佳的机会，能够让他们在实践中体会到'知行合一、格物致知、学以致用'。"

2022 年赴孝感市孝昌县东河村党员先锋服务队名单

指导老师：

耿　虹　华中科技大学建筑与城市规划学院教授

乔　晶　华中科技大学建筑与城市规划学院教师

乔　杰　华中科技大学建筑与城市规划学院教师

赵　爽　华中科技大学建筑与城市规划学院辅导员

学生队员：

尹竣丰　华中科技大学建筑与城市规划学院 2019 级本科生

秦　源　华中科技大学建筑与城市规划学院 2019 级本科生

韦佳璇　华中科技大学建筑与城市规划学院 2019 级本科生

熊　洋　华中科技大学建筑与城市规划学院 2019 级本科生

杨欣琦　华中科技大学建筑与城市规划学院 2019 级本科生

刘思杰　华中科技大学建筑与城市规划学院 2022 级硕士生

黄心怡　华中科技大学建筑与城市规划学院 2021 级硕士生

黄佳磊　华中科技大学建筑与城市规划学院 2021 级硕士生

何　易　华中科技大学建筑与城市规划学院 2021 级硕士生

王　熙　华中科技大学建筑与城市规划学院 2021 级硕士生

马嘉彬　华中科技大学建筑与城市规划学院 2021 级硕士生

范在予　华中科技大学建筑与城市规划学院 2019 级博士生

与拉祜族乡民共绘一幅墙画

⏐⏐⏐⏐⏐⏐⏐⏐⏐⏐⏐⏐⏐⏐⏐⏐

"我和我的祖国，一刻也不能分割。无论我走到哪里，都流出一首赞歌……"孩子们稚嫩的歌声从蚂蚁堆村传来，这是党员先锋服务队蚂蚁堆分队队员们在开展亲子研学活动。

云南省临沧市临翔区蚂蚁堆乡蚂蚁堆村是华中科技大学获教育部立项支持的幸福乡村建设试点村。受蚂蚁堆村邀请和学校委派，2021年华中科技大学建筑与城市规划学院部分学生在陈锦富老师的带领下两次赴蚂蚁堆村进行调研，帮助编制蚂蚁堆村乡村振兴发展规划。服务队十分重视蚂蚁堆村产业发展的定位，明确提出将临沧市近郊亲子研学教育产业作为蚂蚁堆村的新兴产业重点培育。党员先锋服务队在此基础上撰写的调研报告获得了共青团中央组织的2021年"三下乡""返家乡"社会实践活动优秀调研报告奖。

2022年7月24日，该团队再赴蚂蚁堆，策划蚂蚁堆村龙洞组拉祜族文化艺术手绘亲子研学实验活动，推动蚂蚁堆村亲子研学教育产业的发展。党员先锋服务队深知乡村振兴的关键是产业振兴，引导产业规划落地是推进乡村振兴发展规划实施的关键，因此队员们从2022年初即开始谋划亲子研学教育产业的培育方式与路径。

『要为蚂蚁堆村做点什么』

"2019年暑期，在参加学校组织的临沧脱贫攻坚学术考察期间，我看到临沧市脱贫攻坚取得的巨大成就，深受鼓舞、研精致思：脱贫不是终点，可持续发展才是中国乡村振兴的关键路径。"陈锦富老师如是说，

"2020 年，受中国共产党临沧市临翔区委员会组织部邀请，我第二次前往临沧市，为临翔区中层正职干部开展乡村振兴与新型城镇化培训。在与干部们交流的过程中，尤其是在与我校派驻蚂蚁堆村第一书记盛静波、蚂蚁堆村支书郭正海关于蚂蚁堆村现状与发展的促膝交谈中，我被他们求知若渴、投身乡村振兴的拳拳赤子心深深感动，进而萌生'要为蚂蚁堆村做点什么'的念头。"

队员们到达蚂蚁堆村后，立即前往临沧市龙洞村村委会与相关人员进行交流。队员们与蚂蚁堆乡党委副书记杨德先、华中科技大学派驻蚂蚁堆村第一书记姜宗显、蚂蚁堆村村支书字红梅以及几位村干部就龙洞产业发展、振兴规划、美丽乡村建设、用地属性调整内容进行讨论，共同总结出以下几点：产业发展需要以精深加工赋能传统农业转型，继续宣传并发展茶产业；以"亲子研学"为主题做龙洞振兴规划，将墙体美化与亲子研学相结合；对龙洞用地属性做部分调整。

在村委干部带领下，服务队了解了龙洞这一年来的发展变化。一回到宿舍，队员们便开始协商讨论墙面美化的具体内容，准备以龙洞为示范点，与拉祜族乡民一起创造一批具有当地民族特色的墙画。

『在龙洞测绘一方新天地』

队员们对龙洞组和街子组内主要道路两侧可绘制墙面进行了记录与测量，之后对这些资料进行整理，并做出方案设计计划。

在街子组，队员们对整体情况进行实地考察、对墙面进行测绘，队员陈丽丽负责全程活动记录，队员杨禹村负责无人机操控拍摄，队员林其健与孟琪钰负责墙体的粗略拍摄记录。

村民们对此有不同的想法。有的村民希望墙绘时能将院落布置一并考虑，统筹设计，并盛情邀请队员们前往自己家中参观，也有村民担心对自家院落进行设计会破坏墙面。基于此，队员们意识到在后续进一步实施时，要充分听取村民意见，注重公众参与，充分保障每位村民的知情权、参与权、表达权和监督权。

『不要害羞，一起来！』

在接下来的五天时间里，队员们进行了墙体的测绘、绘画材料的准备、墙面的设计稿敲定、墙面底稿的绘制、墙面颜料的涂刷封边、无人机全景拍摄等工作。

工作伊始，不少村民与孩子就被吸引过来。孩子们坐在不远处，队员们热情地招呼他们参与进来，但此时他们还有些腼腆，始终保持一种观望态度。傍晚时队员提醒孩子们回家吃饭，并与其约定好明天参与进来。

次日一早，与队员们约定好的孩子们果然来了，还带来了不少家长与其他小伙伴。队员们拿出准备好的手套、颜料等工具，让家长与孩子们一起绘画，自由想象、大胆创作。绘画过程中，对于年纪较小的孩子，老师或家长充当他们的小助手，替他们调制颜料、传递彩笔。有的孩子画了蚂蚁堆村少数民族的特色标识，有的孩子与妈妈一起画了熊猫，有的孩子画了中国古代神话中的瑞兽麒麟，还有的孩子写了"中国加油"字样。此时，墙面绘制的党旗沐浴在阳光下，孩子们在党旗下热情挥笔，一幅幅质朴天真的画作、一笔笔稚嫩可爱的线条，既展现着孩子们的童心童趣，也表达了孩子们对党、对祖国最美好的祝福。

之后的两天，大家继续完成墙绘工作。值得高兴的是，更多的家长和孩子听说了墙绘的活动后主动来参加。最后两天的主要任务是完成墙面上拉祜文化元素的绘制。拉祜文化元素主要提取于拉祜族服饰，具有高辨识度。前来参观的拉祜村民对队员们的这个设计夸赞不已。

7月27日，龙洞拉祜族文化艺术手绘亲子研学实验活动正式开启。陈锦富老师介绍了此次实验活动的主题是"党的光辉照边疆，边疆人民心向党"，活动以"推动脱贫攻坚与乡村振兴无缝衔接，助力教育部'双减'政策落实，培育亲子研学教育服务产业"为目标，通过村民、家长、中小学生和华中科技大学师生共绘墙画、共叙民族情、同唱一首歌等系列活动，助推蚂蚁堆亲子研学旅游产业发展。临翔区人民政府副区长张发雄，华中科技大学建筑与城市规划学院党委书记李小红、副院长蔡新元、副书记何立群，蚂蚁堆乡党组副书记杨德先，蚂蚁堆村驻村第一书记姜宗显、党支部书记字红梅等共同为实验周活动起笔（见图1）。随后，龙洞组拉祜族村民、亲子家庭和华中科技大学师生共同参与墙画绘制。在龙洞拉祜族文化艺术手绘亲子研学实验活动中，党员先锋服务队师生与当地村民重温入党誓词、同唱歌曲《我和我的祖国》（见图2）。

● 图1　临翔区人民政府副区长张发雄在陈锦富老师的指引下绘制民族彩绘

● 图2　党员先锋服务队师生与当地村民重温入党誓词、同唱歌曲《我和我的祖国》

『乡贤楷模返乡振兴故里』

在姜宗显的带领下，队员们与郭正海进行了深入交流。在脱贫攻坚的关键时期，蚂蚁堆乡党委和村民共同推选郭正海任村支书，做全村的致富领路人。郭支书不负众望，以舍我其谁的姿态把责任和任务扛在肩上，充分展现党员担当。他团结带领全村村组干部，牵头做好难点问题和重大项目的协调推进工作：组织驿亭新村本村22户农户进行选房搬迁工作；完成新村委会的建设和搬迁，打造为民办事服务的党群服务中心；组织新修街子组、明子组等产业路、便民路数十千米，使大队房养殖小区、姬松茸项目等得以顺利推进；带领村组干部组织全村茶农成立正权茶叶种植农民专业合作社，为村集体经济、全村乃至全乡的基础设施建设做出较大贡献。

在郭支书的身上，我们看到了以乡贤为楷模连接乡愁和乡情的可能性。乡贤返回家乡，振兴故里，对实现乡村经济发展、人才引入、社会稳定、村民安居乐业、文明乡风的树立等具有积极作用。在后续调研中，我们了解了更多党员扎根乡村的故事：乡村老党员王郁安一生坚定信仰跟党走，个人与乡村共成长；驻村第一书记盛静波、姜宗显作为"领头羊"，走出机关、远离家乡来到村庄，成为群众身边的年轻书记，引领全村发展振兴；能人党员杞扎发等充分发挥骨干作用，带领乡亲们搞产业、脱贫致富。他们以不同身份发挥着党员的先锋模范作用，以坚定的信念、坚韧的毅力、坚守的行动，让鲜红的党旗始终在脱贫攻坚、乡村振兴的战场上高高飘扬。队员郝子纯说："通过一周的走村串户、深入田间地头访谈交流、策划参与亲子研学营，我被蚂蚁堆村党员主动传承百年建党精神，在脱贫攻坚、乡村振兴征程中发挥先锋模范作用的事迹深深感染，并深切体会到党中央在部署乡村振兴战略中提出的组织振兴的重要性。"

2022 年赴云南省临沧市临翔区蚂蚁堆乡蚂蚁堆村党员先锋服务队名单

指导老师：

陈锦富　华中科技大学建筑与城市规划学院教授

学生队员：

郝子纯　华中科技大学建筑与城市规划学院 2021 级硕士生

李建兴　华中科技大学建筑与城市规划学院 2021 级博士生

杨禹村　华中科技大学建筑与城市规划学院 2022 级博士生

索世琦　华中科技大学建筑与城市规划学院 2020 级硕士生

孟琪钰　华中科技大学建筑与城市规划学院 2021 级硕士生

林其健　华中科技大学建筑与城市规划学院 2021 级硕士生

陈丽丽　华中科技大学建筑与城市规划学院 2022 级硕士生

在边境线与老支书共上一堂党课

||||||||||||||

2022年7月，党员先锋服务队振兴分队在临沧市镇康县、沧源佤族自治县等西南边境县进行返贫风险调研时，听说了一个动人的故事。云南省临沧市沧源佤族自治县边境村的十位老支书给习总书记写信，汇报佤族人民摆脱贫困、过上好日子的情况，表达世世代代跟着共产党走、把家乡建设得更加美丽富饶的决心。2021年8月19日，习近平总书记给边境村的老支书们回信，勉励他们继续发挥模范带头作用，引领乡亲们建设好美丽家园，维护好民族团结，守护好神圣国土。

党员先锋服务队的队员们希望见见老支书，听听他们讲述习总书记回信的情景，于是跟当地乡村振兴局联系协商相关事宜。7月30日下午，在距离国境线仅15千米的临沧市沧源佤族自治县班洪乡班洪村抗战英雄纪念馆，一堂特别的党课开讲了。沧源佤族自治县乡村振兴局副局长胡媛、班洪乡党委副书记洪云、班洪乡班洪村原党支部书记胡德学、班老乡营盘村原党支部书记杨岩板、建筑与城市规划学院党委书记李小红、党委副书记何立群以及党员先锋服务队振兴实践服务队全体队员共同参与了此次党课。

党课由沧源佤族自治县班洪乡党委副书记洪云主持，以介绍班洪乡基本情况与脱贫攻坚发展历程为开场（见图1）。他提到，脱贫攻坚战的胜利让百年来困扰边疆人民的区域性整体贫困和绝对贫困问题得到了根本解决。2019年，班洪乡实现脱贫出列，教育、医疗条件得到大幅度改善，"两不愁三保障"全面实现。正是这样的巨变，让老支书们有了向习近平总书记写信的强烈愿望，而总书记的回信像是火把，点亮人们对更加美好乡村生活的憧憬。

● 图 1　沧源佤族自治县班洪乡党委副书记洪云
讲述班洪乡脱贫攻坚历程

『 "为什么写信？主要是感恩！" 』

　　班洪乡班洪村原党支部书记胡德学和班老乡营盘村原党支部书记杨岩板声情并茂地讲述了这封信诞生的过程，并带领队员们重温习近平总书记给云南省沧源县边境村老支书们的回信的重要内涵和精神要义（见图2）。习总书记在回信中希望老支书们"继续发挥模范带头作用"，引领乡亲们"建设好美丽家园，维护好民族团结，守护好神圣国土，唱响新时代阿佤人民的幸福之歌"。这是对广大基层党组织的职责定位，也是对党员领导干部们的工作要求和激励鞭策。

　　"为什么写信？主要是感恩！"两位老支书说道，"当时不是建党百年嘛！就想着和总书记说说咱佤族脱贫奔小康的幸福生活！"回想起收到来信的时刻，老支书仍难掩内心的激动，开心地与队员们谈变化、说打算、话未来……

　　2021年6月，包括沧源县班洪乡班洪村党支部原书记胡德学在内，班洪乡、班老乡9个佤族村寨10位老支书，决定采用最质朴的方式——写

● 图 2 老支书回忆给总书记写信的过程

信——向习近平总书记汇报佤族人民摆脱贫困、过上好日子的情况，表达世世代代跟着共产党走、把家乡建设得更加美丽富饶的坚定决心。

老支书们认为，请总书记来的愿望不大可能实现，但写信给总书记也许是可行的。拿定主意后，几位老支书准备自己下笔写，但怎么也写不通。"我想这样不行，要请人帮忙。我找到一位县里的干部到我们这里来，我们口述，这位干部按照我们说的意思整理。"胡德学老支书回忆道。

县里的干部认真记下了老支书们的话，几天后，把整理好的信带回乡里，再同老支书们一起修改调整，确保准确表达了老支书们的想法。信的内容不算多，也就一页纸。大家一致认为没问题后，10 位老支书在信纸上签上了自己的名字。

由于经历了回归祖国、脱贫攻坚等重大历史事件，老支书们对党和政府的信任与感激之情发自内心，因为这样的真情实感，这封只有一页纸的信变得沉甸甸的。

大约两个月后，习近平总书记回信了（见图 3）。

问及胡德学老支书那天的心情，老支书的激动之情溢于言表，他提高嗓门，一遍又一遍地重复："睡不着觉！睡不着觉！"

习近平给云南省沧源县边境村
老支书们的回信

云南省沧源县边境村的老支书们：

你们好！读了来信，了解到脱贫攻坚给阿佤山带来的深刻变化，感受到了阿佤人民心向党、心向国家的真挚感情，我很欣慰。

你们都是老支书，长期在边境地区工作生活，更懂得边民富、边疆稳的意义。脱贫是迈向幸福生活的重要一步，我们要继续抓好乡村振兴、兴边富民，促进各族群众共同富裕，促进边疆繁荣稳定。希望你们继续发挥模范带头作用，引领乡亲们感党恩、听党话、跟党走，建设好美丽家园，维护好民族团结，守护好神圣国土，唱响新时代阿佤人民的幸福之歌。

请向乡亲们问好！

习近平
2021年8月19日

● 图3 回信学习材料

253

　　总书记的回信让生活在边疆的佤族群众深受鼓舞，他们用淳朴而直接的方式回应着来自北京的关怀——佤族乡亲每家每户都把回信复印件贴在客厅的墙上，这对于他们而言是一种荣誉，也是佤族山摆脱贫困、走向小康的标志。

　　那么，这个边疆村寨到底发生了怎样的变化？过去，这里的农村不通公路，从村寨步行到县城需要八九个小时，如果有人生病，村里要出七八个壮劳力把病人抬到县城的医院。因为贫困，很多孩子不读书，或者早早辍学。佤族群众在这样封闭贫困的环境下繁衍了一代又一代，在很长一段时间里，这里的社会发展水平远远落后于我国其他地区。

　　这一切都随着脱贫攻坚战号角的吹响而改变。

　　"过去我们住的是'叉叉房'，也就是茅草房，走的路是泥巴路。通过脱贫攻坚，我们住上了砖瓦房、走上了水泥路……"胡德学说现在的日子太舒心了。

　　现在，教育条件好了，孩子们不用再走很远的路去镇上上学；村里医疗室设施齐全，人们生病后不再必须去镇上就医；村子交通便捷，马路直连镇上；人们致富路子越来越宽，种橡胶、种茶叶、养蜜蜂等；这里的生态环境也越来越好，还能看到野猪、野鸡、豹子，文旅产业也发展起来了，来村里旅游的人络绎不绝……

　　总书记的回信给了老支书们很大的鼓励，他们表示，未来将继续支持乡党委、政府和村两委班子的工作，当好村党支部的参谋助手，为班洪乡的发展出好点子、想好办法。

　　建筑与城市规划学院党委书记李小红、党委副书记何立群带领大家回顾中国脱贫攻坚的历程与党员先锋服务队的历史（见图4），李小红说道："10位老支书长期扎根边疆，是带领群众守边固边、脱贫致富和推进乡村振兴的主心骨、领头雁。他们数十年来跟命运搏斗，与贫困抗争，带领群众修路、通水、干产业，从刀耕火种到康庄大道，谱写了平凡而又伟大的山乡传奇。对于总书记的嘱托，我们应当牢记在心、落实于行，把总书记的亲切关怀转化为前行动力，凝心聚力、踔厉奋发、勇毅前进。"

　　盛夏的佤山雨雾缭绕，在老支书和队员们真挚热烈的交流中，红色的土地上希望升腾。

● 图 4 李小红书记带领大家回顾中国脱贫攻坚的历程与
党员先锋服务队的历史

『圆梦时代』

队员们与两位老支书进行了交流互动，并学习了回信精神（见图5），
通过谈心得、说感想、话体会，体悟习总书记殷殷嘱托。

队员陈雨辛听到老支书们见证、亲历阿佤山巨变的动情讲述，体会到
一封回信是一份嘱托，也是一份激励："当听到他们激动地表达着内心的
喜悦、看到他们脸上绽放出灿烂的笑容时，我真切地感受到'党的光辉照
边疆，边疆人民心向党'的深刻内涵！"

队员马嘉彬结合调研经历分享体会："这不仅是一堂生动的实践党课，
也是一次爱国主义教育，对我们来说是一次思想上的净化和升华。"

徐家明同学表达了对老支书们的敬佩之情，并邀请老支书们给队员们
一些建议（见图6）。"大学生是国之栋梁，你们在未来应当永远听党话、
跟党走，继续做好乡村振兴，接好乡村振兴接力棒，把中国建设得更加美
丽富饶。"这是胡德学老支书的肺腑之言。

● 图 5 队员正在学习回信精神 　　　● 图 6 队员徐家明表达对老支书们的
　　　　　　　　　　　　　　　　　　　　　　　　敬佩之情

　　党员先锋服务队振兴分队此次深入云南省临沧市镇康县、沧源佤族自治县等边境县，研究搬迁安置村民生产生活状况，做好持续帮扶的规划整固工作，在行走过程中创新开展"边境党课"，把党课搬到边境一线，用"小课堂"扛起"大担当"，以板凳会形式，重温回信精神，汲取奋进力量，强化使命担当，让党课"有温度、接地气"，让队员"有收获、受洗礼"。

2022 年赴云南省沧源佤族自治县党员先锋服务队名单

指导老师：

李小红　华中科技大学建筑与城市规划学院党委书记

耿　虹　华中科技大学建筑与城市规划学院教授

何立群　华中科技大学建筑与城市规划学院党委副书记

秦　凡　华中科技大学建筑与城市规划学院教师

乔　晶　华中科技大学建筑与城市规划学院教师

学生队员：

徐家明　华中科技大学建筑与城市规划学院 2021 级博士生

武　丹　华中科技大学建筑与城市规划学院 2020 级硕士生

熊志鹏　华中科技大学建筑与城市规划学院 2021 级硕士生

马嘉彬　华中科技大学建筑与城市规划学院 2021 级硕士生

黄心怡　华中科技大学建筑与城市规划学院 2021 级硕士生

何　易　华中科技大学建筑与城市规划学院 2021 级硕士生

黄佳磊　华中科技大学建筑与城市规划学院 2021 级硕士生

王　熙　华中科技大学建筑与城市规划学院 2021 级硕士生

陈雨辛　华中科技大学建筑与城市规划学院 2022 级硕士生

李知原　华中科技大学建筑与城市规划学院 2020 级硕士生

在临沧体育馆共创全球最大的光影秀！

| | | | | | | | | | | | | |

　　2022 年 9 月 14 日，第九届亚洲微电影艺术节在云南省临沧市正式开幕。华中科技大学建筑与城市规划学院党员先锋服务队光影耀神州分队（以下简称光影耀神州分队）打造的全球最大体育馆投影秀"醉美临沧·亚微之光"在临沧体育运动中心震撼上演（见图 1）。长 175 米、高 26 米的超级大屏用 4 小时不间断的光影大秀传递着临沧浪漫和临沧美学，以灯光渲情，以色彩传意，让观众沉浸式体验大美临沧的独特魅力。

● 图 1　"醉美临沧·亚微之光"光影秀现场

『数字光影助力红色文化宣教』

　　光影耀神州分队由建筑与城市规划学院蔡新元教授、张健教授、肖然老师、辅导员王玥带队，依托光影交互服务技术文化和旅游部重点实验室组建。团队在持续推动数字光影技术研发、数字创意产业实践的同时，也主动担负起宣传党的历史文化与精神的社会责任与使命，长期致力于将高新技术与研究带出实验室，走上街头，服务于社会主义精神文明建设。多年来，光影耀神州分队坚持通过光影秀的创新形式，对广大人民群众开展街头党课教育。截至 2022 年 9 月，该团队已在北京、天津、武汉等地累计制作了 10 余场街头党课光影秀，将党建教育与光影秀结合，以城市标志性建筑为底、以灯光为笔、以影像传情，将红色篇章书写在祖国大地上。部分街头党课光影秀如图 2 至图 5 所示。

● 图 2　"建党百年·风华正茂"百年老街江汉路街头党课光影秀

● 图 3　"英雄武汉，城市之光"武汉历史街区昙华林街头党课光影秀

● 图 4 "致敬劳动者"武汉长江大桥街头党课光影秀

● 图 5 "让世界光点亮中国红"街头党课光影秀在武汉红钢城上演

2022 年暑期，光影耀神州分队再次出发前往云南省临沧市，在送师资、送平台、送技术、送服务的同时，也计划在当地再开展一次街头党课光影秀。队员们希望通过挖掘文化资源、优化组织体系、发挥党员先锋作用等方式，探索"党建引领＋红色文旅＋数字技术"的新路子，让这片红色革命沃土再次焕发勃勃生机。

『高手在民间！』

7 月底，光影耀神州分队队员们顶着酷暑来到临翔区采集当地红色文化要素，他们以滇西科技师范学院为启程点，先后深入临沧市临翔区蚂蚁堆乡驿亭新村、蚂蚁堆茶厂、龙洞组、邦东乡昔归村、临沧城市规划馆、中山竹艺馆、博尚碗窑七彩陶瓷文化旅游景区等场地开展调研访谈。服务队还与滇西科技师范学院亚洲微电影学院开展暑期联合工作营（见图6）。双方师生共同探讨如何利用学科特色优势助力临翔区发展，如何利用数字媒体技术助力临翔区丰富优秀的红色文化资源与少数民族文化资源的开发。

其间服务队采访了当地多名具有代表性的能人巧匠，在与他们的谈话中，队员们了解了临翔区的自然生态、区位优势、民族风情和历史底蕴，为服务队后续工作的开展奠定了基础。

● 图6　光影耀神州分队与滇西科技师范学院亚洲微电影学院开展暑期联合工作营

与傣族象脚鼓传承人俸花，共谈民间乐器的独家技艺

临翔区傣族象脚鼓手工制作历史约500多年，2011年临翔区"傣族象脚鼓手工制作技艺"进入第三批国家级非物质文化遗产扩展名录。2013年5月，临翔区被中国民间文艺家协会命名为"中国象脚鼓文化之乡"，7月，临翔区傣族象脚鼓舞被公布为第二批市级非遗项目。2016年7月，女子象脚鼓舞被列为临翔区第二批区级非遗项目。我们来到现代象脚鼓"鼓王"之家，与传承人俸传诗的二女儿俸花（见图7），进行了一场关于象脚鼓技艺的对话与舞蹈的学习。

● 图7　傣族象脚鼓传承人俸花

过去，凡是傣族的重大节日，临翔区的傣族男女老少都要齐聚佛寺，"请"出象脚鼓，交给青壮年男子表演。男人们跳起象脚鼓舞，从寺内跳到寺外，再从寺外跳到寺内，共同祈求全村寨的人幸福安康、六畜兴旺。随着经济社会的发展，很多年轻男人都外出打工。看到没有人表演象脚鼓舞，俸花很是心痛，她主动打破常规，带头跳起象脚鼓舞，她不仅自己跳，还带动全村的姐妹们一起跳，用自己的信心和耐心弘扬、传承着傣族文化。

每年的亚洲微电影艺术节期间，俸花的象脚鼓队都要参加迎宾和展演活动，其表演深受国内外人士喜爱。受傣族佛教建筑艺术和农耕文化的影响，傣族象脚鼓神圣不俗、程序繁复、选料考究、精雕细刻，因而传人不多、水平各异。

与中山竹艺馆竹编师李志仙，共谈中山竹编的百年历史

中山竹艺馆的竹编师李志仙（见图 8）和我们聊到，中山村是一个美丽的村庄，村子里盛产各类竹子，村庄也拥有悠久的竹编历史。该村因地制宜，依托自身的资源与技术优势，建成了国内闻名的竹编文化馆。队员们参观该文化馆时发现，他们的竹编已经走出了传统的箬箕、簸箕等日常用品范畴，向茶具、键盘、灯饰、箱包、笔筒、摆件等附加值更高的产品转变。竹艺馆也为当地老百姓提供了就业机会，让当地居民筑梦小康、编织幸福。

● 图 8　中山竹艺馆竹编师李志仙

与碗窑村罗家制陶传承人罗星青，共谈黄土孕育的土陶文化

在云南，建水紫陶、傣族慢轮制陶、华宁陶等绽放着独特的光芒。而临沧市临翔区的临翔陶，因质地优良、刻画精细、造型端庄、坚硬耐用而远近闻名。碗窑村罗家第九代制陶传承人罗星青（见图 9）提到，在近几

年党的帮扶、支持和带领学习下，陶艺厂终于打破了"井底之蛙"的顽固思想，开阔眼界、开发创新、拓宽道路，从原来只制作锅碗瓢盆这些家常器物，到如今制作范围更广、制作工艺更精细，贯彻落实精细化管理，着实有效地推动了当地陶艺经济的发展。

在连日寻访的过程中，服务队走入临翔区深处，真真切切地感受到临翔区浓厚的红色精神与丰富的民族文化资源急需数字技术对其进行科学的修缮保护与开发利用。队员们不禁开始思考如何从自身专业出发，在"数字光影艺术＋技术服务"的体系下，利用所学所长，向当地群众和外界宣传展示临翔地域风情和文化特色，让红色文化释放凝聚力和号召力，帮助临翔区打造"党建引领＋红色文旅＋数字技术"乡村发展新业态。

● 图 9　碗窑村罗家制陶传承人罗星青

『看见"醉美临沧"，共享"亚微之光"，艺术与科技相结合』

回到武汉之后，蔡新元老师多次组织服务队成员展开研讨，并召开全体成员工作会议，就光影秀场地安排、视觉设计和视频制作等任务进行部署。各小组召开数十次会议，确定具体安排和工作事宜，力图将调研成果、对临沧的理解、临沧过去十年的成果以及华中科技大学定点帮扶的成果，都囊括在一场光影秀里，让临沧的民族文化以及人们对未来的期许展现在世人眼前。

经过一个多月紧锣密鼓的制作，队员们终于打造出这场衔接武汉与临沧的艺术光影秀。灯光与投影交织，三维特效数字内容与体育馆花瓣般的立体结构交融，辉映着这座城市的活力、实力与魅力。该光影秀以视觉、听觉、触觉三位一体的方式，分"醉美临沧""亚微之光""百年回望"和"我和我的祖国"四个篇章，向全世界展现临沧式浪漫。"醉美临沧"篇章以梦幻光束、三维搭建揭开光影秀帷幕，讲述了临沧历史的变迁、生态文明和经济建设的发展；"亚微之光"篇章聚焦亚洲微电影节，传播"亚洲风"，再现历届优秀演员、经典作品；"百年回望"篇章用光影艺术赓续红色基因，表达了临沧各族人民牢记使命、永远跟党走、奋进新征程的坚定信念；"我和我的祖国"篇章以歌曲《我和我的祖国》为整台光影秀画上圆满句号。

"醉美临沧·亚微之光"街头思政课光影秀被包括人民网在内的多家媒体报道（见图10），获得社会的广泛关注和点赞，极大程度地宣传了临沧美丽的自然资源和多彩的民族文化，搭建了临沧文化旅游对外交流合作平台，极大地提升了临沧的知名度和影响力。

图 10　多家媒体报道"醉美临沧·亚微之光"光影秀

● 续图 10

"光耀神州分队通过这次临沧之行，从专业视角探索如何通过艺术与科技结合的方式展示在地文化，并将红色教育贯穿其中。同时，我们也贯彻教育帮扶，与当地的滇西科技师范学院亚洲微电影学院共同设计实践基地，加强数字艺术对当地文化发展的建设性力量。"蔡新元老师谈到，"'醉美临沧·亚微之光'光影秀展现了临沧的历史文化与发展，展现了牢记总书记嘱托、心向总书记、心向党、心向国家的当代临沧精神，也展现了华中科技大学定点帮扶所结出的累累硕果与深情厚谊。下一步，我们将持续推进光耀神州分队的工作，用光影讲述中国的故事。"

此次临沧之行也给光影耀神州分队的成员们带来了深刻的感悟。队长陶梦楚说道："在这次社会实践的过程中，我深切感受到临沧未来可期，投身乡村振兴大有可为，也深深意识到建规人的责任和担当。这次难忘的实践经历，也将成为我在人生道路上学习的不竭动力，不断地激励我前行。"队员袁梵也深有感触："往后我们将更紧密地结合自身专业特色，在实践中检验自己的知识和水平。通过实践，原来模糊的、印象不深的理论得以明确和巩固，原来理论上欠缺的知识也在实践环节得到了补偿，加深了我们对基本原理的理解和消化。"虽然此次实践之行已结束，但路程中所遇之人、所见之事，将鼓舞队员们勤勉学习，踏实工作，砥砺爱国情怀、凝聚奋进动力，牢记习总书记嘱托，传承党员先锋服务队的精神！

2022 年赴云南省临沧市党员先锋服务队名单

指导老师：

蔡新元　华中科技大学建筑与城市规划学院教授

张　健　华中科技大学建筑与城市规划学院教授

肖　然　华中科技大学建筑与城市规划学院讲师

王　玥　华中科技大学建筑与城市规划学院辅导员

学生队员：

陶梦楚　华中科技大学建筑与城市规划学院 2020 级博士生

尤毅恒　华中科技大学建筑与城市规划学院 2020 级博士生

王　康　华中科技大学建筑与城市规划学院 2022 级博士生

袁　梵　华中科技大学建筑与城市规划学院 2021 级硕士生

王泠然　华中科技大学建筑与城市规划学院 2021 级硕士生

夏小萌　华中科技大学建筑与城市规划学院 2021 级硕士生

邱雅平　华中科技大学建筑与城市规划学院 2021 级硕士生

张　恪　华中科技大学建筑与城市规划学院 2020 级硕士生

于千滋　华中科技大学建筑与城市规划学院 2021 级硕士生

与小河镇居民共拼一块花布

"拼布，拼的是古街的往昔和现在，拼的是古街的生活和艺术，更是把咱们师生党员和各位父老乡亲的感情连在一块儿。下一步，我们党员先锋服务队会继续在小河镇开展调研、设计、展陈活动，与大家一起发现和描绘小河镇的美!"华中科技大学建筑与城市规划学院学工组组长杨柳在拼布活动接近尾声时动情地说道。

2022年7月18日下午，华中科技大学建筑与城市规划学院党员先锋服务队小河分队（以下简称小河分队）在驻地前的小广场开展"爱'拼'才会赢"拼布活动。活动以古街特有的文化底蕴为基础，与小河镇居民共同制作创意遮阳布，对乡民所熟知的日常街景做出艺术性的阐释，并以公众参与为理念，以公众美育普及为目的，引导乡民关注美、感受美、表现美、创造美，营造人人都爱小河镇、装饰小河镇、点亮小河镇的氛围，为古街增阴凉、添色彩。

『盛夏时节，古街又热又晒怎么办』

湖北省孝感市孝昌县小河镇有着悠久的历史。600多年前，小河镇（当时称为小河溪）水陆交通发达，工商业繁荣，加工作坊相连，商号店铺林立，"驿站上车马辐辏，澴河中帆樯如林"，是鄂东北重要的物资集散地和商贸中心，素有"小汉口"之美称。这里现存的明清一条街，是湖北省保存较好、规模较大的古建筑群之一。

　　队员们通过实地调研、查阅文献、人物采访等方式，深入挖掘小河镇的历史文化，梳理小河镇的历史脉络。沿石板路走进小河古街，队员们看到顺着屋檐零散地悬挂着几块碎布拼制而成的布帘（见图1）。当地人表示：“古街到了夏天，特别是中午的时候，又热又晒，把家里闲置的布块挂起来遮阳，大家才愿意在我们店门口买东西嘞！”还有人说：“家门口搭个布，下午搬个凳子就可以在下面聊天乘凉了。”队员们在这样的阴凉下，沉浸式地体验了一番古街生活，店铺里的雕花剪纸、木版年画、竹编织布等手工艺品，无不蕴含着古色古香的人文气息。

　　当地特有的拼布习俗点燃了师生们的创作热情，何依老师带领队员们在古街上进行了调研（见图2）。“小河古镇，夏天的街道悬挂着遮阳的布棚，形成了一段段色彩斑斓的街廊。由此，我们发起了现场拼布活动，意在通过公众参与，宣扬一种在地性设计和身边艺术的理念。”服务队指导教师何依如是说。

● 图1　古街上的遮阳拼布

● 图 2 指导老师带领队员在古街上调研

"我们可以就地取材，从店铺遮阳的实际需求出发，用村民的废旧布料再创作出独属于小河镇的拼布手工艺品。""还可以邀请村民在布上题字。""把鱼篓灯挂在布上，'点亮'小河！"……创作讨论会上，队员们纷纷为小河镇的"布景"建言献策。在此基础上，服务队就地取材，开展布料收集和拼布图案设计工作。队员们敢想敢做，利用专业知识，发挥艺术特长，在拼布的材料选择、色彩组合、制版、裁剪和缝制中，上了一堂实验性的设计实践课程。图 3 为拼布活动海报。

● 图 3 拼布活动海报

小河镇的生活平淡又不失烟火气，手工艺人依旧在坚持着心中的传承与热爱。"老谈渔具"店里的老谈爷爷表示，虽然现在生意不太好，但他依旧乐观，只要生活过得去就心满意足。裁缝铺的阿姨做了 36 年裁缝，她靠一针一线养活了四个孩子，如今孩子们都已经长大并且事业有成，说起这些，阿姨嘴角上扬，掩饰不住内心的欣慰和喜悦。环西街尽头的竹编店主人是一位 90 岁的老爷爷，他的竹编卖得很便宜，顾客用二三十块就可以买到一个色彩鲜艳的竹编篮子。"爷爷年纪那么大了还在坚持编织竹编，这种精神深深地感动了我。"队员陈心愉如是说。

『 "下次有这种活动我还要来玩" 』

通过前期调研、观察街上的拼布、走访裁缝铺，以及与裁缝铺老板进行交流，队员们最终设计了三种拼布方案：第一种是将纯色布裁成各种尺寸的矩形，让当地居民用毛笔在布上写下关于古街的印象或者美好祝福的词语（见图 4）；第二种是将碎花布剪成山峦的形状，与当地居民一起进行拼接、缝合（见图 5）；第三种拼布以手绘形式开展，由当地孩子们在提前裁好的大块拼布上随性绘色。

活动现场，孔惟洁老师向乡民们介绍了拼布活动的形式和设计过程，并动员周边乡民加入拼布活动，共同为小河镇添彩（见图 6）。茶余饭后出来散步的乡民忍不住在此驻足，并情不自禁拿起了画笔、毛笔、针线参与其中。

拼布上，孩子们拿着画笔，蘸上颜料，随性绘色。一片沙滩、一棵小树、一朵白云、几个手掌印，孩子们用五彩缤纷的色彩描绘着童年里小河古街最美的夏天（见图 7 和图 8）。许多孩子纷纷表示："下次有这种活动我还要来玩！""你们这样的活动很有创意，也很接地气，孩子们都很喜欢，这就是美育嘛！"一位家长在活动现场感慨道。

"岳庙晨钟、石桥晚眺、菜圃连村……"古街的居民纷纷亮出拿手技艺，用毛笔在纯色布上写下他们的古街印象（见图 9）。"还有没有布？让我也来写几句。"一位大爷向队员询问。拼布上的书法作品将飘扬在小河镇古街上，书香气息将融入乡民的交往空间。

● 图 4　第一种拼布方案

● 图 5　第二种拼布方案

● 图 6　孔惟洁老师向乡民介绍拼布活动

● 图 7　孩子们用画笔在布上画画

● 图 8　队员们带着小朋友在拼布上画画

图 9 古街的居民在拼布上题字

　　乡民手中线，古街檐下布。薄薄的拼布背后蕴藏着中国传统工艺之美。队员和乡民每人选择一块拼布图案，一人一布，一缝一合，将样式各异的碎花布用针线缝合成大型拼布（见图10）。"这让我想起了小时候妈妈

图 10 队员们与当地居民共同缝制一块拼布

纳鞋底的场景。"一位乡民感慨道。当地的缝纫队阿姨也加入了活动。建规学院党委副书记何立群拿起缝针,熟练地穿针引线,教队员们做针线活。"哇,我居然也可以用针线缝出这么美的拼布!"队员杨美琳在缝制过程中激动地说道。

为小河古街"拼"出不一样的风采,是本次服务队活动多专业共同合作的缩影,具有很强的落地性。这对于师生而言也是一次非常难忘且有意义的经历。"我们把汗水与泪水留在小河,也希望能够把丰收和喜悦带给小河。"队员杜心妍如是说。

『 "每栋房子里发生的故事都像电影场景" 』

在小河镇,队员们梳理历史脉络,标记建筑、整理信息,基于历史与现状调研,梳理乡镇历史文化特色与现状资源条件,找准历史文化村镇在区域城乡体系中的定位,从整体层面为地方制定发展策略与路径。走访沿街民居和店铺40余家,绘制《小河历史文化名镇历史建筑信息表》40余张(见图11),形成大量采访记录,店铺相关历史故事文字信息共计16000余字。小河古街保护与发展概念规划方案如图12所示。

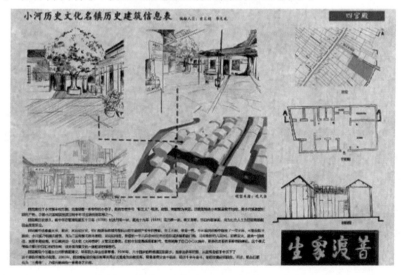

● 图11 《小河历史文化名镇历史建筑信息表》(部分)

● 图 12 小河古街保护与发展概念规划方案

"进入小河镇之后，我们带着服务队队员做历史建筑的调查，当地居民向队员们讲自己家族的历史，从抗日战争到改革开放，讲各个历史时期自家的屋子是如何在每一代人的经历中变化的。学生们对我说，每家的历史都好厚重，每栋房子里发生的故事都像电影场景。队员们觉得通过自己的努力挖掘出文化遗产的历史价值非常有意义，且这意义实实在在，看得到、摸得着。"说起调研的场景，孔惟洁老师这样讲道。

小河镇的物质形态具有独特的地域性，受到区域环境、气候、地形以及文化的影响，并在古镇空间形态、街巷结构和建筑特色中得到体现。服务队选择在张正太纸店布展,这里之前是书法用具店铺,距今已有几百年历史。这次《古镇小河溪》展陈项目主题简洁,吸收了小河本地建筑特色,并结合现代元素,极力打造高品质的游览体验(见图 13)。项目从保护和展示小河之美的角度出发,形成历史向建筑渗透的趋势,充分体现了将人文历史景观融入整个方案的设计理念。

除此之外,服务队基于现有的粮站进行研学中心改造设计(见图 14),基于现有的供销社进行青年旅社改造设计(见图 15),为小河镇发展注入新的活力。

从实践中来,到实践中去。在老建筑活化和展示的过程中,队员们清楚地感受到了自己作为协调者和统筹者的价值,找到了自身的专业自信。学生阶段社会实践的意义,就是让学生在实践中领悟社会责任和专业价值。队员陈银冰有这样的感悟:"未来,我将继续以实际行动深入基层,做好党员先锋精神的宣传和传承工作,在乡村振兴的浪潮中,我就是一朵浪花,我要给乡民们带去实实在在的幸福感、获得感!"

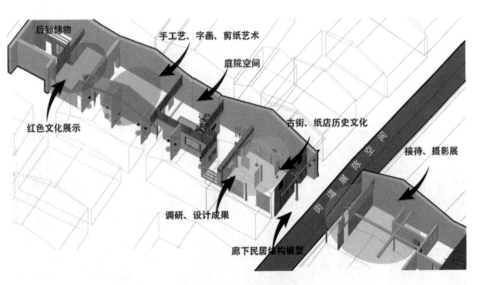

● 图 13 《古镇小河溪》展陈空间设计

图 14 研学中心改造设计方案

图 15 青年旅社改造设计方案

2022 年赴湖北省孝感市孝昌县小河镇党员先锋服务队名单

指导老师：

李小红　华中科技大学建筑与城市规划学院党委书记

何　依　华中科技大学建筑与城市规划学院教授

王　振　华中科技大学建筑与城市规划学院副教授

邓　巍　华中科技大学建筑与城市规划学院副教授

殷丽华　华中科技大学建筑与城市规划学院副教授

何立群　华中科技大学建筑与城市规划学院党委副书记

孔惟洁　华中科技大学建筑与城市规划学院教师

何三青　华中科技大学建筑与城市规划学院教师

方　舟　华中科技大学建筑与城市规划学院教师

杨　柳　华中科技大学建筑与城市规划学院辅导员

赵　爽　华中科技大学建筑与城市规划学院辅导员

学生队员：

陈雨辛　华中科技大学建筑与城市规划学院 2022 级硕士生

陈银冰　华中科技大学建筑与城市规划学院 2022 级硕士生

杜心妍　华中科技大学建筑与城市规划学院 2020 级硕士生

罗　杰　华中科技大学建筑与城市规划学院 2022 级硕士生

龚玲玉　华中科技大学建筑与城市规划学院 2022 级硕士生

童文娟　华中科技大学建筑与城市规划学院 2022 级硕士生

连天滋　华中科技大学建筑与城市规划学院 2022 级硕士生

王冠宜　华中科技大学建筑与城市规划学院 2022 级硕士生

张浩然　华中科技大学建筑与城市规划学院 2019 级本科生

郑芷欣　华中科技大学建筑与城市规划学院 2018 级本科生
何　月　华中科技大学建筑与城市规划学院 2019 级本科生
孟宪怡　华中科技大学建筑与城市规划学院 2019 级本科生
李晓雅　华中科技大学建筑与城市规划学院 2021 级硕士生
郭　艺　华中科技大学建筑与城市规划学院 2019 级本科生
陈心愉　华中科技大学建筑与城市规划学院 2020 级本科生
崔浩东　华中科技大学建筑与城市规划学院 2020 级本科生
罗雅倩　华中科技大学建筑与城市规划学院 2019 级本科生
李文龙　华中科技大学建筑与城市规划学院 2019 级本科生
杨美琳　华中科技大学建筑与城市规划学院 2019 级本科生
冯柏欣　华中科技大学建筑与城市规划学院 2019 级本科生

坚持长期主义需要七分韧劲三分傻劲

2022年秋，我和一位外省高校的学生工作教师攀谈起来，谈到社会实践这个话题，他立马大声地说："我知道！我知道！你们建规学院有一支党员先锋服务队，干了十几年，给穷乡僻壤送规划，今年你们是全国社会实践优秀团队！你们能坚持这么久干这个事，真不简单！"

被这么高调地当面表扬，我当时脸上有点发窘，但心里是很高兴的！我以前只以为湖北省内的高校可能知道我们这支党员先锋服务队，因为我们从2008年到2021年，都获得了湖北省暑期"三下乡"社会实践优秀团队的荣誉，但没想到外省高校的朋友也知道。

紧接着这位老师问我："你们是怎么样推动这个事情做了十几年的，你不累吗？"

我一下子被问住了，因为我以前从没想过这个问题。

当天晚上我翻来覆去，思虑良久，如果一定要给这个"怎么样"寻个答案的话，那只有一句话——坚持长期主义！

我认为坚持长期主义有以下几个要义。

1. 和正确的人一起做正确的事情

村镇发展，规划先行。但是偏僻、落后地区往往急缺规划经费和人才，因此被卡在困局里徘徊。华中科技大学建规学院发挥专业特长，为老少边穷地区送规划、送设计，为当地发展提出更好的空间布局策略、产业发展策略等，解当地燃眉之急，展现了"双一流"高校的社会服务功能和家国情怀，这绝对是正确的事情！

每年建规学院党员先锋服务队都有专业教师带队，在全院选拔学生党员做队员。专业教师在当地和同学们同吃同住同劳动，现场工作全程陪同，回校后，还会继续指导队员们形成最终成果，将建、规、景（建筑学、城乡规划、风景园林）专业的"师傅带徒弟""手把手"体现得淋漓尽致。学生以博士或者硕士带头，鼓励具备一定设计能力的高年级本科生参加，大部分本科生是第一次接触"实践真题"。很多校友回忆起当年在党员先锋服务队的情形，都表示这段经历终生难忘！这帮勇于奉献自己、可爱有才的师生们，绝对是正确的人！

和正确的人一起做正确的事，用耳朵倾听人民呼声，用脚步丈量祖国大地，用文字体现民生关切，用画笔诉说乡愁情怀，这正是我们培养人才的利器——"行走的思政课堂"。

2. 短期内没有回报

我很幸运，2012—2022这十来年（2020年因疫情停1年），我都担任了党员先锋服务队的带队老师。但说实在话，每年从来没有人命令我在暑假里必须要做这件事，包括学院院长和书记！每一年队伍出发时，也没有任何人承诺我奖项荣誉或者好处，我并没有把握队伍当年就一定能获得什么级别的荣誉。那为什么要推动这个事情这么多年呢？我一是想着这是习主席肯定过的工作，且利国利民，我们不能中断；二是去年做了，今年也应该做，习惯使然，傻傻地坚持呗！由此可见，"长期主义"是七分靠韧劲，三分靠傻劲的！

你问我累不累？说不累是假的，但是累并快乐着！

3. 健康而长久

从2008年开始到现在，我们的队伍已经坚持了15年。在汶川地震国家有难之时挺身而出，在脱贫攻坚阶段积极贡献，如今又投身于乡村振兴。现在每一年，会有数个政府部门邀请我们去为当地送规划，为当地发展出谋划策。只要国家和人民有需要，我们党员先锋服务队会每一年都出发，直到实现了美丽中国和生态中国目标的那一天！

本书编写期间，得到了很多教师的支持。在华中科技大学校团委书记罗迪老师、副书记李文龙老师提议下，在建规学院党委书记李小红和建规学院院长黄亚平的鼎力支持下，编写团队勇于执笔启动。党员先锋服务队历年指导老师耿虹、任绍斌、罗吉、洪亮平、乔杰、刘法堂、王通、赵逵老、刘晓辉、王宝强、黄亚平、王智勇、林颖、何依、邓巍、李义纯、管凯雄、管毓刚、陈宏、庞灿楠、鲁仕维、陈锦富、蔡新元和孔惟洁均承担了部分审稿工作。

因有些年度党员先锋服务队时间比较久远、现存资料不够完整，收集原始资料时，我们得到了如下校友和同学们（当年队员们）的支持：倪敏东、于澄、单卓然、周敏、陈霈、郭紫薇、郑加伟、秦诗文、王文卉、郑有旭、蒋小英、姚旺、黎懿贤、崔澳、刘思杰、李湘铖、尹湘源、王庆伟、时静、陶梦楚、徐家明、郝子纯，陈雨辛、陈银冰和尹竣丰。

本书得以顺利出版，还离不开华中科技大学团委、学生工作部和宣传部的大力支持！

我和我的学生工作团队小伙伴们作为编写团队，分工合作完成了各年度党员先锋服务队的故事编写工作，具体分工如下。

何立群负责 2009 年赴新疆队、2012 年赴程河镇队、2014 年赴百丈河队、2014 年赴龙坪镇队、2018 年赴牛山湖队、2019 年赴北港队、2021 年赴遵义队、2021 年赴毕节队、2021 年赴临沧队的编写工作。

杨柳负责 2011 年赴孝昌队、2017 年赴巴石队、2017 年赴广西宁明队的编写工作。

王玥负责 2008 年赴汶川队、2010 年赴保安队的编写工作。

赵爽负责 2022 年赴东河队、2022 年赴临沧龙洞队、2022 年赴临沧镇康队、2022 年光影耀神州队、2022 年赴小河队的编写工作。

高亚群负责 2013 年赴卫店队、2016 年赴斗阁村队的编写工作。

叶少华负责 2015 年"会飞的盒子"队的编写工作。

黎懿贤负责 2019 年赴岚县队的编写工作。

在此，对以上所有鼓励、支持、帮助和参与本书编写工作的部门、教师和校友们表示最衷心的感谢！

因时间仓促、水平有限，编写中难免有疏漏之处，请读者朋友不吝指正！

本书是以下课题的成果之一：2022—2023 年度全国高校毕业生就业创业与素质发展课题（XSFZ05），湖北省教育科学规划 2022 年度专项资助重点课题（2022ZA02），2020 年湖北省高校学生工作精品项目（2020XGJPB1001），华中科技大学学生思政工作项目 2020 年、2022 年"一院一品"课题（3007220103），华中科技大学 2021 年校内思政专项课题一类课题实践育人项目，华中科技大学 2022 年党建研究课题（2022Y20），华中科技大学 2021 年度基层党建研究课题（3009220103），华中科技大学 2022 年文科"双一流"项目课题（3011220035），高校思想政治工作队伍培训研修中心 2022 年度专项课题（YX2022ZD02）。

2023. 6